宴慧

ART FOR BANQUET

DINING SPACE DESIGN Ⅱ

餐饮空间的设计智慧Ⅱ

君誉文化 策划

《设计家》 编

大连理工大学出版社

图书在版编目(CIP)数据

宴慧：餐饮空间的设计智慧. Ⅱ /《设计家》编
. — 大连：大连理工大学出版社，2017.5
ISBN 978-7-5685-0619-9

Ⅰ. ①宴… Ⅱ. ①设… Ⅲ. ①餐馆—室内装饰设计—作品集—中国—现代 Ⅳ. ①TU247.3

中国版本图书馆CIP数据核字（2016）第285681号

出版发行：大连理工大学出版社
（地址：大连市软件园路80号 邮编：116023）
印 刷：上海锦良印刷厂
幅面尺寸：235mm × 310mm
印 张：20.5
插 页：4
出版时间：2017年5月第1版
印刷时间：2017年5月第1次印刷
责任编辑：张 泓
责任校对：王秀媛
封面设计：君誉文化
策 划：君誉文化

ISBN 978-7-5685-0619-9
定 价：298.00元

电 话：0411-84708842
传 真：0411-84701466
邮 购：0411-84708943
E-mail：designbookdutp@gmail.com
URL：http:// www.dutp.cn

前言
FOREWORD

如今，餐饮市场继续朝着细分、多元和个性化的趋势发展。在出品、服务之外，餐饮空间往往以鲜明的主题与氛围，获得独树一帜的辨别度和号召力，从而引人关注并做出选择。从某种意义上说，几乎所有成功的餐饮空间都有自己所蕴含和表征的文化，而它的背后，不可或缺的是设计师的设计智慧——基于对餐厅主题、项目环境、运营等方面的分析，与业主深入沟通、精准定位，营造出各具特色的空间情境。

《宴慧》系列图书，一如既往地关注国内最新涌现的优秀餐饮空间设计思想与实践，呈现当下国内餐饮空间设计的最高水平，洞见餐饮空间设计的发展趋势。本书选取超过50个精彩案例，以“雅”“朴”“禅”“潮”为关键词，剖析这四类案例在空间构成、视觉及感官体验、美学倾向、设计手法等方面各异其趣的餐饮空间，展现它们设计立意的源头、设计策略、材料选择和总体控制的完整信息。

案例广泛分布于中国内地以及港澳台地区，包括星级酒店餐厅、品牌餐饮企业门店、精品中西餐厅、个性餐吧等，对应着不同的地理文化、商业运营、消费习惯等条件与因素，在广度和深度上着力甚多。案例出自活跃在中国餐饮空间设计及室内空间设计的设计师（设计机构）之手，如吕永中、陈德坚、沈敏良、吴滨、耿治国、杨焕生、李益中、许建国、蒋国兴，以及HBA、Kokaistudios、如恩设计研究室、LATITUDE、香港泛纳设计事务所、新冶组、风合睦晨空间设计、古鲁奇、周易设计、午逸宸建筑设计、FCD浮尘设计、上瑞元筑设计、山隐悦界、文仪室内装修设计等，极具代表性。本书同时收录了两篇深度的设计访谈和设计师自述文，即余明与顾忆两位设计师的访谈，以及王亥对于成都崇德里改造项目的自陈，以设计文本细读的方式，将设计本身的故事完整地展开。

愿书中所凝聚的设计智慧和所呈现的设计之美，为设计师提供参考价值，为餐厅经营者带来潮流指引，对设计师、业主和相关行业的读者均有所裨益。

目录
CONTENTS

雅

雅的本义在于「正」，所以古人认定，文章尔雅是因为其言也正，辞令得当。君子的雅是由于他「正而有美德」，雅致的室内设计似乎并无定规。无论是传统中式、新中式，还是日式、欧式古典或现代风格……都会因为合乎某种经过沉淀与锤炼的空间美学原则，因为空间、比例和色彩的「正」而「美」，获得自己优雅精致的气质和气场……

朴

大味必淡，大音必希，大道必朴。朴，是中国传统美学中源远流长、深入人心的一支。所谓「朴」，原初的义域是指未加工的木料。《说文》里说：「朴，木素也」。段玉裁进一步解释说：「素犹「质」也。以木为质，未形饰，如瓦器之坯然」。「木素」就是未经锯凿，未经雕饰的原木，也就是木的本来形态。

禅

置身于禅意空间，于是心性彻见。采用简素而又玄妙的空间语言形式，追求纯净、淡然的空间美感。以「少」象征多，以「简」表达丰富，通过留白的手法，给静思和顿悟提供分寸正好的空间情境。

潮

不是随波逐流，更不是元素的拼贴和搬运。而是真我个性的艺术展现，是「我就是潮流」的自信与张扬，是不折不扣的「潮范儿」。

谈

“大家都在说大数据时代，仿佛所有事情都离不开数据的统计，但是偏偏领先业界的设计和项目都来自于超越大众数据的更深入的思考和感悟。毕竟所谓的大数据统计的是现在，而优秀的项目看到的是这个社会的未来……”

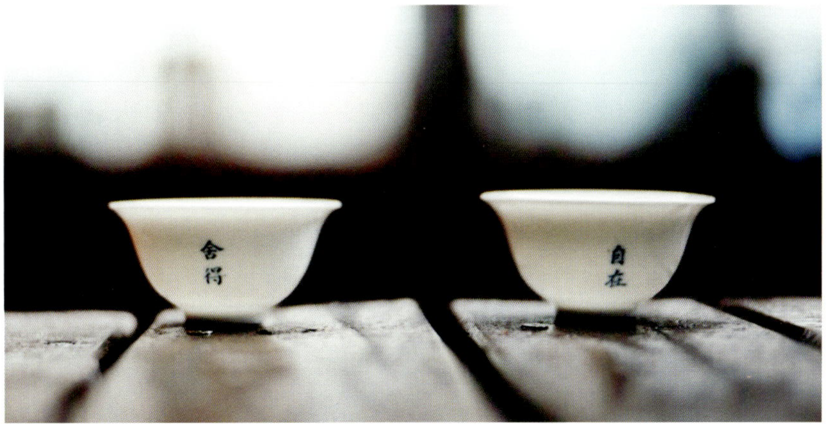

“廂”迎着死亡的诞生

——顾忆 · 老余访谈

老余，本名余明旻，室内设计师。漂泊外地十年后归于成都，深患“建筑痴迷症”多年。多年“病”中感悟：唯多看、多学、多问，方能改善症状。五年来游走于世界各大建筑圣地，却不料“病”入膏肓。不日，有幸得与国内建筑大家对话，用笔、用镜头、用心记录建筑世界的繁花似锦，本为缓解内心几乎病态的情感，现也期望娓娓道来的访谈录，为大家呈现出建筑的美好。期望记录建筑中的人文情怀，借以安慰焦灼的心灵。

探寻 ‖

“中环或外环杨高南路出口……过电信环岛直行到底，见到标牌旁边的小桥进去……”当建筑师顾忆发给我这样的行车信息时，这个连准确地址都无法说清楚的“廂·人文雅席”显得愈发神秘。虽然由生活在上海多年的朋友开车，但依旧几经周折才终于闯入了这片孤立于繁华都市的天地。

初夏的午后，在绿植环绕的水系中央，由 22 个集装箱组成的“廂”就这样静静地等在那儿，尘世的喧嚣和嘈杂仿佛都被院落的大铁门隔绝到了院外。莫名的放松感和豁达感油然而生，让人感慨在这样的繁华俗世，一份简单安静有多么的美妙和珍贵。

两扇厚重的大门无声地自动开启，随着连接小岛的引桥，我们缓步走入想象已久的空间，直到进入大门的那一刻，我也没有想到这场访谈会是如此精彩和丰富，甚至足以改变我的设计人生。

缘起 ‖

一身轻松的鸦青色麻衣便装，一双布鞋，挎着一个最普通的素白色布袋，建筑师顾忆就以这样的一种洗净铅华的朴实迎接我们。看着他微笑走来，我不禁想起之前预约访谈时的插曲，“顾老师，因为这个建筑访谈录的特殊性，我希望您能够同时邀请到项目的业主方。”我试探问道。“我是设计师也是业主方之一”，平和的声音从微信那头传来，没有半分的得意或是炫耀，只有淡淡的描述。顾忆如此平和淡然的执业状态，加上投资方和设计师的双重身份，立刻勾起了我对此行前所未有的期待。

“廂”是一家独立的茶坊和私房菜餐厅，偏居上海外环一角，没有任何位置或风景优势可言。自从诞生以来没有做过任何宣传，也没有任何官方报道。用百度搜索，你只能找到寥寥数条的餐评。但是它在上海这个繁华大都市的名气却逐渐扩散开来，成为文化人必去的场所，一个新的人文地标，甚至远在成都的我也听闻它的大名。一个用集装箱改建的餐厅是如何引起了这么多关注目光，在偏僻孤立的角落成为一个吸引人主动靠近的目的地的？就在这初夏的五月，带着无数个问题，我飞赴上海，开始了这一场有关“廂”的探访和访谈。

初窥 ‖

“厢”的内部空间已经看不出集装箱的影子，只有部分裸露的钢结构暗示着它的来历。整个空间呈长的回字形，22 个集装箱整齐分布在四周，形成上下两层。中间自然留出了一个围合的庭院。水泥地面、竹子吊顶、素色墙面，没有刻意的背景墙，也没有过多的修饰，一切都是那么自然的存在。简单、质朴，但另有一种优雅的气质自然流露。同样作为设计师，我深深体会到建筑设计师对空间的高度理解和娴熟地把控。庭院尽头是一面由不同材质的砖瓦堆砌而成的墙体，我不假思索地问道：“老砖吗？”“外面工地捡来的。”听到这样的回答，实在为自己固化的设计思路而汗颜。

访谈 ‖

“廂”的茶房中，主客宽坐，水已煮沸，茶香飘散，一场关于建筑、关于设计，更是关于物质、关于人生的访谈徐徐展开。

作为多年的室内设计师，我总是固执地认为，任何一个项目的成功都离不开设计师以及业主方的人生积累和沉淀。所以与之前一样，谈话都是先从人生经历开始。

“我大部分的职业经历都不在中国，我在非洲工作和生活了十几年”。顾忆很轻松地打开话题。他语速舒缓，气度中的儒雅大方和他背后窗外的景色衬托，从一开始就让我有一种出世感，实在让人对不上他十几年的非洲经历，仿佛我面前是一位饱读典籍的学者，正在给我上一堂人生的长课。

“当年高考，是我的语文老师告诉我选择建筑，填写志愿时我甚至分不清楚‘工业及民用建筑’和‘建筑学’两个专业的区别。最终选择了建筑学，应该要感谢老师帮我做出正确的决定。一入大学，教授跟我们说的第一句话就是：‘无论未来你们毕业以后是否继续从事建筑行业，你的一生都将感谢学建筑带给你的改变。’这一句话至今都在影响着我。‘未来你们设计的不仅仅是一间房子，更是生活在那间房子里的主人的生活方式。’那一年是 1992 年，我们的老师在那个年代就这样引导着我们这班人。”

“毕业以后我非常有幸被分配到了体制内的一流大型设计单位，当时就拿着几千块的工资。”

“铁饭碗”，我插嘴。

“我那可是金饭碗。”

“哈哈哈……”

“可惜我个人对体制内的工作有一种天生的抗拒感，一个偶然的机会，我得到了去马达加斯加某援建项目的驻场工作，从此我的人生打开了另一扇门。”

“为什么选择非洲？一般人都很自然地想象到非洲的艰苦和落后，很少有人会觉得这是一个机会。”我不禁好奇。

“因为我父亲也在那里工作过很长时间，我对那片土地有一种说不清的情感。”顾忆的回答很简单。

就这样一个简单的决定，改变了顾忆的一生。他至今还清晰地记得，去设计院的后勤处退还电脑及其他用品时，保管员阿姨问他：“小伙子，欧洲还是美国啊？”因为那个时候，仿佛只有这样的诱惑才能让人放弃这份金饭碗。“非洲！”顾忆很爽快的回答。这个答案实在超出了阿姨的全部想象，她连基本的用语都无法控制，半天才憋出一句话：“你没病吧？”

这个被阿姨认为病得不轻的年轻人，怀揣着一腔好奇与梦想，单枪匹马踏上了非洲的土地。一到了非洲，他就如鱼得水，非洲给予建筑师的自由和尊重让他立刻决定长期留下来。在结束了援建项目后，顾忆选择留在那里创业。困难总是有的，往往比想象中来得还快，怀揣 800 美金的他刚落实住处就发现房租必须支付 600 美金，付完房租之后剩下的钱，只够自己精打细算地生活。顾忆却不这样想，他找到了当地一个中餐馆，跟来自澳门的老板提出：“如果您信任我，能不能让我先在您这里吃一个月的饭，我有钱了第一时间就还给你”。好心老板答应了。“他是我在非洲遇到的第一位贵人，至今都很感谢他。”他用剩下的 200 美金去租了一辆车（在非洲，没有代步工具是可怕的），开始了非洲的创业之路。

后来的一切都仿佛是梦一般，因为非洲当地的发展，建筑设计人才极度缺乏，再加上他的聪明、勤奋和诚实，给人留下了非常好的印象。第二个月，他就接到了一份 1.2 万千美金的设计工作，并且和一个当地工程师、一个英国测量工程师合伙成立了事务所。十几年来，他们从只有几个人，只能接到一些民用建筑的小型建筑设计公司，扩展到咨询、监理、项目管理及承包，参与开发非洲各国国家级项目，甚至涉足其他各类行业的大型企业。到顾忆离开非洲回国时，企业已经拥有 500 名中国员工，3000 名当地员工。“公司总部有一面墙，是由我们所有重要项目的卫星地图照片组成，贴了满满一墙。我总是告诉公司员工，这是我们在地球上留下的痕迹！”

“事业如此成功的时候，您为什么突然想到回国？都放得下吗？”

“我骨子里是很纯粹的中国人，我的家人和朋友都在中国，同时也因为在非洲十几年的经历和三次与死神的擦肩而过，让我学会珍惜和放下。”

“放下事业？”

“不仅仅是事业，也包括对物质的放下，对欲望的放下。我本来很喜欢手表，总觉得自己这么辛苦，买给自己作为奖励很正常。一块又一块，十几年来，我居然攒了三大盒的手表。但是突然有一天，我发现其实最常戴的，永远都只是那一两块。物质的增加无法继续带给我更多的满足了，于是我决定把所有的手表都卖掉，把全部所得捐出去。”顾忆帮我们倒上一杯茶，继续说道：“只剩下并不名贵，却是我最辛苦时买下的第一只手表。”

顾忆的故事展开，不输于任何一篇小说或者电影，远不是我这样一篇小小的访谈记录可以承载的。每一个故事，对于别人而言都可能是人生最精彩的经历，但是在他嘴里，一切都是那么轻松，如过眼的云烟，发生并过去。只需要陈述，没什么值得过多强调和修饰的。

“回国后的您一定已经生活无忧，又是什么驱使您开始做“庿”这个餐厅呢？”虽然已经完全沉醉于顾忆的人生故事中，但是此行的目的让我不得不拉回了话题。

“没有任何东西驱使，一切都是机缘安排。”

顾忆从非洲回国，已经进入退休状态，40 多岁就开始喝茶、读书、无所事事。这对一个曾经的工作狂来说其实是很难适应的事情，直到有一天他的朋友带他来到了这片鱼塘。

“果然是鱼塘，我们之前就在议论。”我插了句嘴，转头和同伴笑谈到。

“是啊，这里本是一个鱼塘和一片苗圃，鱼塘的中间有一个人工小岛，是清理鱼塘淤泥时自然堆积起来的。我们来的时候岛上还有几个烧烤架。当时带我来的朋友只是想在这个鱼塘中间的小岛上建个小木屋，做一个小型农家乐”。

“农家乐？”这个开始的设定，远远超出我的想象。

“对啊，一开始就是这样打算的。但是当我第一次走进这个地方就觉得它有自己独特的气场，你们有没有觉得这个地方非常安静，安静得让人感觉不到背景是在上海？”

我们纷纷点头，因为一进入这个场所，就已经深深感受到了这份静谧。

“还不单单是声音的安静，因为四周被绿植环绕，而且看不到特别显眼的建筑，这里给人强烈的出世感。在大上海有这样一个地方，这种条件让我建筑师的那一部分神经立刻兴奋起来。”

顾忆在现场就跟朋友提出，不要做农家乐，这样好的一个地方可以有更多的可能性。“如果你们交给我设计，我来给你们做一个完全不同的体验场所，我们可以带给都市人一种新的生活方式。”

他很快就提出了改建的方案，不出他所料，小伙伴们一致通过这个颠覆性的想法，而且一致要求他也入股，他们说，“这个地方已经不是建筑那么简单了，需要文化和灵魂。”

“这样，就完全按照我的想法去实施。”他很自信地提出这一点，立刻就得到了一致同意。“于是我得到一个验证一种生活方式的机会，于是有了“庿”，我自己也开启了一段全新的经历”，顾忆笑道，“他们现在叫我‘庿主’”。

听到顾忆的描述，我想起了话题一开始他提到的建筑学老师的话，未来你们设计的不仅仅是一个空间，更是一种生活方式。这一次，顾忆不但帮城市人设计了一处体验生活方式的地方，其实也为自己设计了一种新的生活方式。

“如何想到用集装箱做这个餐厅的？”作为设计师，我总是忍不住探究建筑方面的问题。

“使用集装箱也不是故意为之，”顾忆答道，“一接手这个项目，我就首先了解到这里因为用地条件限制，只能做临时建筑。我很自然地就想到了用集装箱，一是因为集装箱的再利用本来就是一个大的环保问题；二是集装箱价格便宜，会使我们大幅度地降低造价；再一个原因就很简单，我们在非洲做了很多集装箱改造的建筑，对集装箱有一定的认知。”

“**廊**”的建设工作很快就全面展开了。“我刻意地不使用任何昂贵或者不环保的材料，想要用实际案例告诉大家，就算使用最简单的材料，也能够做出一个有足够气质的空间。”

“空间的级别，不在于你用了多么高级的材料，而在于你足够合理的安排，使得建筑与环境自然贴合，并且拥有自己的独特气质。”

“就如同隈研吾所说：如何区分自然的建筑，不是看这个建筑的所有材料是否来自于自然，而是看这个建筑是否与所在的场所形成幸福的关系，如果形成了，我们就认为这个建筑是自然的，”我忍不住插嘴道。

“对的，有这个意思。”

“正是基于这些一开始的设定，所以你看到的“**廊**”，只有水泥、铁板、竹子，就连木地板也都是其他工地的边角料。在我这里，所有的材料都得到了最质朴的表现方式，并且绝不讲究材料的复杂处理工艺和出身。”

“就像那几面墙上的砖，我一开始还问是不是老砖？”我自嘲地提到。“哈哈，还有人问我是不是明代、清代的砖呢！”顾忆大笑起来，“我告诉他们就是隔壁工地捡来的，哈哈哈。”直到这个时刻，我才第一次在这位见过大风大浪、儒雅和气的建筑师语气中听到了一丝得意。

“现在的人太不懂得惜物，我就想告诉大家，简单也可以很丰富，不需要大理石也可以很高雅。”

“关于装饰呢？如此简洁的手法，在设计时有没有什么更多的考虑？”

“我其实并没有按照我建筑师的经验去设计这个空间，一切都是无设计状态，没有任何刻意的动作。如果硬要说我采用了什么设计方式的话，也许是因为我喜欢摄影，我会用拍照的角度去调整空间和光影。”

“哈哈，您那不是仅仅喜欢摄影，想到您自己一定就拍了很多“**廊**”的照片，我一开始就对这次文章要用的照片感觉毫无压力呢。”因为以前与顾忆的结识经历，我由衷地佩服他的摄影技术。

“由于小伙伴的信任，才能让我如此散漫地做这个设计，正因为随遇而安的设计思路，很多的东西都是顺势而为的。”顾忆指向房间和走廊上都有的独特玻璃烛台。“这应该是我这里成本最高的设计了，台湾艺术家定制的青铜玻璃灯，你知道为什么要用这个灯吗？”我知道如果说漂亮一定会被笑话，所以摇了摇头。“因为这个区域电力不足，晚上经常没有足够的电力供应。”要是建筑业的做法一定是想方设法地去扩容，但是顾忆的想法完全不一样，“不够就不够吧，不就是基本的照明吗？”于是这个美丽而独特的烛台灯应运而生。

“现在国内的生活都太追求奢侈了，什么都要求尽力去做到最好，好像一定要有大的改变才是成功的，每一个设计师都是完美主义者，不改变一些原来的平面，不安插几根斜轴曲线似乎就无法体现设计的功底和存在感。但我在非洲十几年，享受过奢靡，也看过太多的贫瘠、悲剧以及人力无法改变的现实，自己也几度经历死亡的考验，最能体会人类的过度自大和破坏力。台湾食养山房的林炳辉老师是我的一位导师和朋友，我曾经问他，如果有一天你不在了，食养山房怎么办，他说那就让它在原有的惯性下运作三至四年，然后枯竭消散在自然里。他真是一开始就打定了这样的主意，所有的设定都是可循环，与自然一体的，我觉得这才是有良知的设计。在“**廊**”这个平台上，我也是这样告诉自己。正好“**廊**”本来就是一个临时建筑，当它第一天诞生时，就跟人一样已经开始死去，直到有一天回归最原始的状态。这说不定才是建筑最好的结果。”

“呵呵，您又让我想到了隈研吾以及他的著作《负建筑》。”

“对，就是那样，作为建筑大师，隈研吾对此有更加深刻的认识。”

不单单是对于建筑的态度，“廊主”顾忆还对餐厅的管理有截然不同的方式。

“听说你们这里不准客人点菜，”我显示自己还是做足了准备工作。

“因为我们这里不拿自己当餐厅，我们觉得这里是一个家。”顾忆显然对这个问题同样很有“准备”。“比如你到朋友家里去做客，你会点菜吗？当然你可以告诉主人，你有什么忌口和不喜欢的东西，但是菜品自然由主人来安排。”

“曾经有员工问我，我们这里是以客人为上帝吗？我回答他不是。这里是你们的家，你只需要尊重和善待家里来的客人，让客人有宾至如归的感受就够了，不需要卑躬屈膝，反而你还应该表现出主人应有的大方和得体。”

“还听说您这里不接受陌生人预定？难道是会员制？”

“当然不是，很多人打电话过来预定，我们的店长都会问，‘我们相识吗？’因为这里是一个家，您会接受陌生人来家里做客吗？”顾忆看着我问道：“来这里不需要什么会员，只要您是我们认识的人或者来过的人带来就好了。因为朋友的朋友，也就是朋友了。自然能上门来做客，不是吗？”

亲眼看到顾忆对员工的礼貌和客气，如与家人对话一样的微笑和亲切。所有的一切都是自然流露，包括他的“家人”对待他的态度也是随和而放松。这是一个人的气质对一个群落的影响。

“在莫桑比克一次最严重的车祸中，我几乎失去双眼，当绑住双眼的纱布拆开时我只是祈祷让我至少保留一只眼睛，可以继续作建筑师，拥有养家糊口的能力。上天如此眷顾我，我没有失去生命也没有失去视力。所以，我现在每一天都是在享受。”

这场访谈，从午后持续到太阳落山，从茶台转战餐桌，因为其他朋友的到来，也从几个人对话变成了十几人的聚会，这个时候“廊”真是一个家，而儒雅中带着宽容大度的顾忆真是一个大家长。

一桌独特的火锅大餐，主客的优雅和轻松，让我们更深入地体会了“廊”的气场。

静思 ‖

因为另有约会，顾忆先行离开了，我却提出留下来，待主客散去，重回安静的空间中， 静静地品味它的独特气质。这次访谈，“廂”的拙和雅产生的矛盾效果让我痴迷，这一点出乎我的意料； 但是主人的丰富人生经历和各种知识储备又如我所料。果然任何一个项目的成功，都无法离开业主方和设计师的契合，离不开他们的丰富沉淀和对人生的反复思考， 离不开一颗单纯追求本我的心。说到最后更离不开对社会发展的自我解读和对文化落地的执着追求。

大家都在说大数据时代， 仿佛所有事情都离不开数据的统计， 但是偏偏领先业界的设计和项目，都来自于超越大众数据的更深入思考和感悟。毕竟所谓的大数据统计的是现在， 而优秀的项目看到的是这个社会的未来。

在这个人人追求物质，相信人定胜天的时代。“廂”从一开始就没有为自己设定长久的存在，从没有想过与大自然做抗争。如顾忆所说， “廂”一出生就在迎接死亡，迎接自然对它的所有改造，这是一种与自然最契合的相处方式。

两扇大门在我的身后缓缓地关闭，将我的不舍也关在门外。依然听得到店长子云带有吴侬清音的告别声，在这个格外寂静的场所中听上去那么舒服。想起顾忆提到，他觉得朋友形容“廂”这个地方最贴切的感受——“褪火”！

“我们今天就是在这里接受了一场褪火的洗礼。”我转身看着水中摇曳的波光，与倒影融为一体的“廂”，与同伴说道：“我已经开始期待再一次走入这扇大门了。”

“这个盛夏的时代，火还是需要经常来褪一褪的。”同伴回道。

“哈哈哈……”

闻道 ‖

离开“廂”的当天晚上，随行的朋友发来这样的句子：“诸行无常，是生灭法，生灭灭已，寂灭为乐”。深以为意，以记之。

后记 ‖

有关“廂”的这一篇访谈我写得非常辛苦，因为“廂主”顾忆的丰富人生经历和建筑观点，对我来说收获和信息量实在庞大，从 17 页的精彩访谈笔记中取舍是异常痛苦的工作。在此由衷感谢顾忆老师的无私分享，感谢“廂”店长子云的亲切招待。本次访谈的所有照片均为原创，来自顾忆、包文山和我三人，对前二位深表谢意。另外要感谢友人杜小月的专业校稿，感谢沫沫部落对于本次访谈的全力支持和帮助。

一个城市的回家路

王亥

王亥，崇德里项目的策划、设计及营运主持，1982 年毕业于四川美术学院，1979 年获全国美展二等奖，1987 年移居中国香港，1989 年获香港当代艺术双年展奖。1996 年获美国政府新闻处国际访问者计划奖，1996 年到 1998 年在香港电台“非常话题”栏目担任嘉宾主持，1998 年到 1999 年在香港凤凰卫视“铿锵三人行”栏目担任嘉宾主持。1998 年创立“四川菜大平伙”私房菜。设计作品包括成都清河艺术家创作园建筑设计、中铁二局“月映长滩”室内设计、泰迪熊博物馆（中国）项目策划及设计、成都众意集团项目策划及设计、南禾精品酒店项目策划及设计。

我学习绘画出身。1987 年，我去了香港，在那里做了 10 年职业艺术家，之后我在香港开了家私房菜馆，也主持过清谈节目。机缘巧合，我介入了建筑行业，策划了一些房地产项目，后来我回到成都策划和设计了崇德里项目。过去的崇德里是一个三四百米长的巷子，改造前只剩下 60 米，保留了 1 号院、3 号院、5 号院和 4 号楼，总面积约 2000 平方米。崇德里最初的规划方案是推倒重建，遗留的三个旧院子和一个宿舍楼，在政府和很多企业看来没法用作商业空间，更别说酒店了。但他们忘了：城市中心出现了一个新商圈——IFS 和太古里商圈。在这个项目中，我希望把旧东西保留下来，并在旧区与新商业综合体之间建立联系。崇德里距离 IFS 和太古里商圈很近，在这个商圈中有 7 栋超高层写字楼，体量很大，一旦全部入驻，会形成很大的人流。我便将崇德里定调为既是成都的，又是国际的。改造后的酒店有 12 间客房，一年的待客量很少，经营 10 年，总量也不会很多。在我看来，市场是需要细分的，崇德里的定位是面向国际化的消费群体，为建筑师、设计师和设计爱好者服务。崇德里的餐厅禁止饮用白酒，它是成都第一家禁白酒的餐厅。开业第三天，区长和书记来吃饭，虽然这是与政府合作的项目，但我明确跟区长说餐厅禁白酒，如果他破坏了规矩，下次就不接待了。结果区长把白酒撤掉，还成了我们很好的宣传者。

崇德里的改造也遇到一些难点。第一，整个建筑几乎是废墟，如何改造？按我的想法，一砖、一柱、一瓦、一梁都应该被保留，我们要保留的是凝固的时间，三年前是什么状态，现在就是什么状态。如果说这个项目哪里比较成功，我认为是对现状的理解和保留。第二，要改造的不是审美观念而是功能概念。把一个居民点改造成具有商业服务功能的建筑体，使茶舍、餐舍和酒店都具有现代功能。我很反对在旧建筑里装旧东西，比如，在清代的建筑装清代的家具，然后进来的所有人穿着西装去过清代的生活。在崇德里项目中，没有任何中式家具，我采购了多种国际品牌，它们的零售价都很高，为了节约成本，我成为这几个品牌的代理，整个项目花费 1700 万，但每平方米造价只有 1 万多，

开启城市的记忆 （摄影：顾忆）

耗资最多的是保留现状。450 天的施工期，我一直在现场，每天第一个上班，最后一个离开。整个施工队都不理解我为什么要把所有旧东西都保留下来，他们不理解项目要达到什么目的，他们认为自己手里的任何东西都比原来的好。确实这三个院子和宿舍很卑微，整个院子没有任何装饰品，它是最穷的人居住的，但我就要用这种方式把项目做出来。

崇德里完成后有很多造访者，拍了很多照片，每次我都将照片收集起来，我发现每个人眼里都有一个崇德里。崇德里的入口，过去是一个骑楼，我们拿到项目时已经不在了。入口旁有一个公共厕所，是市政设施，不能拆，很多开发商看到它很头疼，觉得没法改，但我觉得可以把它改成成都最有腔调的公共厕所。我把它改造成一间民国风格的公共厕所，所有来的人都误以为它是酒店大堂。我们把崇德里各部分命名为“谈茶、吃过、驻下”，用成都话读起来挺有国际范儿，而且是三个动词，我想突出行为方式，完成了行为，就参与到成都记忆的一部分，或者参与到成都当下的一部分。

1 号院、3 号院分别设计为谈茶和吃过，5 号院和 4 号楼设计为驻下。

谈茶，是一个茶空间，也是文化空间，在成都方言中：你谈过茶吗？意思是讲话比茶重要，所以我选择了 Hans J . Wegner 设计的两款休闲椅和一张吧凳，桌子是我自己设计的，因为在 Carl Hansen & Son 没有找到合适尺寸的桌子。我还用了一只 Arne Jacobsen 设计的 Stelton / AJ Revolving Ashtray 烟灰缸和一款我自己设计的茶盖碗。1 号院保留比较完整，百分之八十被保留下来，我们只对天井做了一个钢构，冬暖夏凉，非常舒适。“谈茶”常设立一些文化沙龙，邀请不同的人参加。其中一个是国际知名文化学者张隆溪先生，每年他都会带一些国际学者来到崇德里，谈论跨文化相关的话题。这种文化沙龙，形式非常轻松，带有一些谈茶的形态，但我们只提供花茶和素茶两款，所有的工夫茶都被去掉，形式非常简单。

吃过，采用德国顶级橱柜品牌 Bulthaup 的 B2、B3 系列，运营模式仿照我在香港的私房菜餐厅。B3 系列的橱柜市价 500 万，但我用 100 万就把它买回来了，我向品牌方建议用这种方式展示德国的整体厨房走进川西民居，对方很认同，于是低价卖给我。这个空间里有一堵裂开的墙，是由于“五一二大地震”造成的，我们把它保留下来，虽然保存成本很高，但它刚好成为餐馆入口的一道屏风墙，很多人在这儿拍照留念。酒店的墙面都是对产品的介绍，没有其他装饰，是一个设计史的展示空间。餐具全部是由 Chipperfield 设计的，水杯上都有他的签名。

4 号楼“驻下”是 20 世纪 80 年代的教工宿舍，很有特色，12 间房的改造难度最大，因为它的层高只有 2.65 米，要把整个空调、排风、暖气系统植入进去又不破坏建筑自身的结构和布局，非常难。室内我选用了爱尔兰裔女设计师 Eileen Gray 的作品，除了两张 Hans J . Wegner 设计的躺椅外，其他都是她的作品，房间里每样产品都有故事。客房里设计了超级卫生间，可以打开天窗，铺上浴巾裸坐。我们采用反光玻璃，人们可以透过玻璃看到外面的星空，但外面看不到里面。保留的后巷与当地居民形成互动，巷子里有两个居民点，很多居民进出，还有很多叫卖声。我汇报方案时，大家都很质疑这种方案如何实现酒店的国际化，

老巷 （摄影：包文山）

崇德里旧照

因为推开窗就是原居民，最近的距离只有 1.5 米。我认为二者是观望的关系，坐在酒店里感觉很舒服，再看外面，就是一种审美，外面看进来也是一种审美。当两个空间对望，二者又处于完全不同的品质时，它们就产生了一种审美关系而不是功能关系。后来政府接受了这种提案，入住的人也觉得不错，他们就想推开门看看原住民怎样生活。打开窗会飘进腊肉的香味，关上窗就是封闭独立的，这是一种很独特的体验。我希望酒店与城市发生关系，而不是一个标准化的、全世界随处可见的酒店，它真的可以看见这个城市，看见这个城市的生活。

酒店唯一的公共空间里收藏了许多 20 世纪 20 年代、50 年代及 60 年代的西方旧家具，其中很多是大师的作品。酒店使用的产品都是由大师们设计的，崇德里是一家设计酒店，要向外展示一个经典的设计史。使用的厨电品牌我基本都做了代理，这样作为酒店的设计者和经营者，我会有很多便利，可以做很多有品质、有品位的项目。这是我作为一个设计师转向经营者的跨界，设计师跨界要解决的最重要的问题是经营，参与酒店经营，你对酒店的理解会非常不同。

入口门楼 （摄影：吴天宁）

建筑全景 （摄影：关里）

Chongde Alley in Chengdu
成都崇德里

设计师：王亥
项目地点：四川成都
项目面积：约 $2000m^2$
摄影：齐鸿、关里、包文山、顾忆、吴天宁、余明旻

据袁庭栋《成都街巷志》记载，崇德里北起中东大街，南接红石柱横街，原是无名小巷。崇德里两头入口处分别筑有结实的骑楼，并建有陡而高的梯子，以通上下，供人居停。崇德里是一条具典型成都民居风貌且深蕴民国史实意义的街巷，是民国史段落中历史文化深厚、商贾繁盛的城区，是值得妥善保护和利用的历史文化遗存。改造前的崇德里仅余一条 60 米长的残巷，尚存崇德里 1 号院、3 号院、5 号院及一栋老旧教工宿舍（4 号楼），房屋破败不堪，南北两头的骑楼也已被拆除，又以公厕打头。

崇德里的改造设计是一个主题性的设计方式，也是一种生活方式的物化记录。叙事或纪事，无论尘封故事，沉梦旧事，朝露待日晞，或一纸、一物、一人、一事、一景通过“挪用”转换成生活，让时间因记忆而成为生活的部分，使设计因记忆而长驻。崇德里以“谈茶”“吃过”“驻下”的行为方式参与成都，让一种生活方式成为现实。其中 1 号院为“谈茶”，3 号院为“吃过”，5 号院、4 号楼用于“驻下”。

崇德里改造设计在建筑形态上尊重了现存街巷和建筑布局，修缮方式和理念为“修旧如旧”“改旧如故”。按照老成都传统院落民居的营造格式，对现有 1 号、3 号、5 号三进民院进行培修、整治和复原，对公厕外部形态和内部结构进行改造。入口植入崇德里坊匾的结构，构成一个既传统又当代的具有使用功能的小品建筑群。对 4 号教工楼按照既有的包豪斯风格进行修复，并巷中嵌合植入架构物件，使巷里具有一种通畅且深幽的路径感。

室内设计方面利用窄巷已有的空间和质朴的民居风格，经营一处地道的成都生活场景聚落，创造一种一语道来的文化叙事和体验，使来客在浮躁都市外分享一叶岛的清净。同时，“盒子”作为设计架构中的重要手段和方式，以当代内结构建筑形式（钢构）嵌合原建筑，形成“外房内盒”的抽象空间概念。

摄影：顾忆

吃过（1）（摄影：关里）

吃过（2）（摄影：吴天宁）

驻下（1）（摄影：关里）

驻下（2）（摄影：顾忆）

驻下（3）（摄影：关里）

细节 （摄影：关里）

谈茶（1）（摄影：吴天宁）

谈茶（2）（摄影：吴天宁）

门后别有洞天 （摄影：吴天宁）

由外看内 （摄影：余明旻）

在拐角处有新的发现 （摄影：余明旻）

雅

雅的本义在于“正”。所以古人认定，文章尔雅是因为其言也正，辞令得当。君子的雅是由于他“正而有美德”。

雅致的室内设计似乎并无定规。无论是传统中式、新中式，还是日式、欧式古典或现代风格……都会因为合乎某种经过沉淀与锤炼的空间美学原则，因为空间、比例和色彩的“正”而“美”获得自己优雅精致的气质和气场。

也因为如此，空间之雅在于它的内涵和对应的生活态度。它也许是简约的，却没有“伪简约”的呆板和单调；也许是古典的，但并不会过于烦琐。优雅而经典的美在空间里流动，庄重和恬静感带来了精神上愉悦的放松。

Miss Mei Shanghai Cuisine

梅园春晓上海菜餐厅

设计

W.DESIGN 无间建筑设计有限公司
吴滨

地点　面积
上海　592 m^2

行走在欧洲的城市之中，
本以为到处看见的，
应是人们“现代”成就的骄傲展现，
但不断撞见的，
却是，贴近泥土的默不作声的“传统”。

——无间建筑设计有限公司设计总监　吴滨

20 世纪二三十年代，在西方文化、租界文化充斥上海滩的摩登时期，上海形成了独有的海派文化。这里的人们保留着中国传统的礼节，吸收着西方最先进的文明。他们待人接物考究，懂生活、会生活，举手投足间流露出与生俱来的优雅。

梅园春晓，传承自收藏海派文化的沪上传统本帮菜餐饮品牌——梅园村。从小在东西方文化交融中熏陶成长的梅大小姐，为了振兴传统品牌，开创了“梅园春晓”，延续着老上海独有的风情和精致，却又大胆地融入当下时尚与时代思考以及梅大小姐与生俱来的上海女人的摩登优雅。

步入餐厅，“梅影”浮动、丛林“鸣叫”……“忽然一夜清香发，散作乾坤万里春”，入口处的梅花浮雕和植物墙带你缓缓步入梅园的诗性空间。空间里纯粹干净的白、地面与立柱的水泥表皮、密集的灯光以及空间里那些强有力的建筑元素，不经意间穿插的明确有力的铜线，勾勒出空间表皮的多元节奏感。

空间中自由穿梭的曲线，将大空间分割为开合模糊与独立的单元空间。整个空间在流动的曲线中自由开合，桌次、座位可自由组合。看似自由，却多了私密；看似自由，却使整个空间的气韵变得完整。

而墙面上、餐椅背面凝视远方的摩登女人，重现了上海过去穿行于旧租界老建筑之间的那些优雅女性。“在吴侬软语中，在烟视浅笑间，书写着各自不同的人生传奇”，“赋予整个空间一种岁月静好的生活方式，一种全新的审美情趣，一种浪漫主义的世纪情怀”。

餐厅的家具和饰品，全部来自无间设计的专业定制。贵宾包房纯粹硬朗的黑白拼接圆桌和经典复古的千鸟格座椅，营造着经典的老上海情调；入口处的沙发则是根据空间曲线量身打造的。餐厅内的每一盏铜灯都极具上海特色和建筑感，地面微微透出的红色灯光却又营造出梅园与女性的特征，与周边的充满力量感的线条形成强烈的视觉对比。

石库门门头以碎片浮雕的构建，巧妙结合上海著名的石库门的名字，形成每个空间区域的标识，对孕育并滋养了上海近代文明的石库门文化难以割舍的怀旧情感悄然而生。

Hilton Wenchang Haitian Restaurant
文昌希尔顿酒店海天阁中餐厅

设计
HBA 洛杉矶公司
Darrell Long Danielle Hirsch

地点
海南

摄影
Will Pryce

文昌希尔顿酒店所处的环境气候炎热，周边植被繁盛，这都带来了“繁茂”的丰富感。HBA 洛杉矶公司负责酒店全部的室内空间（别墅、客房、公共空间、餐厅等）设计，将设计定位为：现代风格度假酒店与所在地气候、文化条件的融合。

设计将自然环境放在第一位，尽量让空间显得开敞，让所有人为的室内设计都与用地环境融为一体，完全是基于所在的自然环境来进行设计，而不是凌驾于它之上。在服务和美学方面，它有着典型的五星级豪华度假酒店所应该具备的全部品质。酒店整体上呈现出宏大的视觉效果，但是却仍然给人以亲切感和充满乐趣的空间体验。

海天阁中餐厅是酒店内的四家餐厅之一。

为彰显文昌引以为傲的独特悠久文化，HBA 的设计还实现了地域特色和当代手法的珠联璧合。海天阁中餐厅将海南岛当地的色彩、工艺和图案等元素融入其中，专门供应本地佳肴。

从设计的一开始，设计师就无意将海天阁中餐厅设计成一个典型的中餐厅，而是从文昌当地丰富的民间传说，包括一些在当地闻名遐迩的美食传说中汲取灵感，融入精致的、趣味盎然的空间体验中去。团队避免照搬历史上典型的中式装饰图案，而是通过抽象和演绎，融汇海洋、陆地等核心因素，使当地的手工艺与当代度假酒店空间艺术实现复杂、优雅、精致的融合。

Blue Lake House

罗兰湖会所

设计

风合睦晨空间设计

陈贻 张睦晨

地点 北京

面积 $300m^2$

摄影 孙翔宇

当人们浮躁的心灵真正平静下来时，自然界里充满灵性的声音才会重新回到人们仔细倾听的耳畔。继罗兰湖餐厅的顺利推出以及成功运营之后，紧邻该餐厅的罗兰湖会所此时也完美地呈现在人们的视野中了。此建筑仍是由设计师陈贻和张睦晨设计完成，他们把自然系的建筑设计理念铺陈延伸至建筑的内部、外观以及周边景观的每一处细节里。

整个建筑体依然延续设计师最初对罗兰湖餐厅的总体设计理念定位，让建筑隐匿并在自然环境之中生长。旧有的建筑完全被拆除，设计在原有的建筑范围之内重新置入一个更大的空间，以便空间适用于更私密、更私人化的用餐、聚会以及小型的商业性活动。鉴于此种多功能的要求，设计师把主空间内部高度设为 5.8 米，并从周边的自然环境中攫取灵感，在高挑的主空间中置入类似树杈形状的金属构架，既起到支撑屋顶及建筑主体结构的作用，又使整个屋顶“飘离”四周的结构墙体，这样的设计手法使得光线可以从四周自由地、毫无阻拦地投射到整个内部空间里来。

日出有时，日落有时，从清晨至日暮，阳光带着灵性环绕着整个建筑，光线穿过建筑外围的林木枝叶，再加上风的作用，使得光线就像是精灵一样在建筑内外及建筑周边不停地跳舞，随时改变着它的形状和明暗关系，形成一个随时可以感受到光线变化和四季变迁的灵性空间，为整个建筑内外带来无尽的愉悦情绪。

为体现自然气息，建筑从外部至内部均选用来自自然的实木材料，再加上皮质的家具以及各种经过历史冲刷的艺术品和饰物摆设，使得空间体验者能够尽情地感受来自空间、环境以及自然的亲切感和归宿感。在这个既安静又兼具文化底蕴的氛围里，使人们的精神体验得到最大限度的满足。

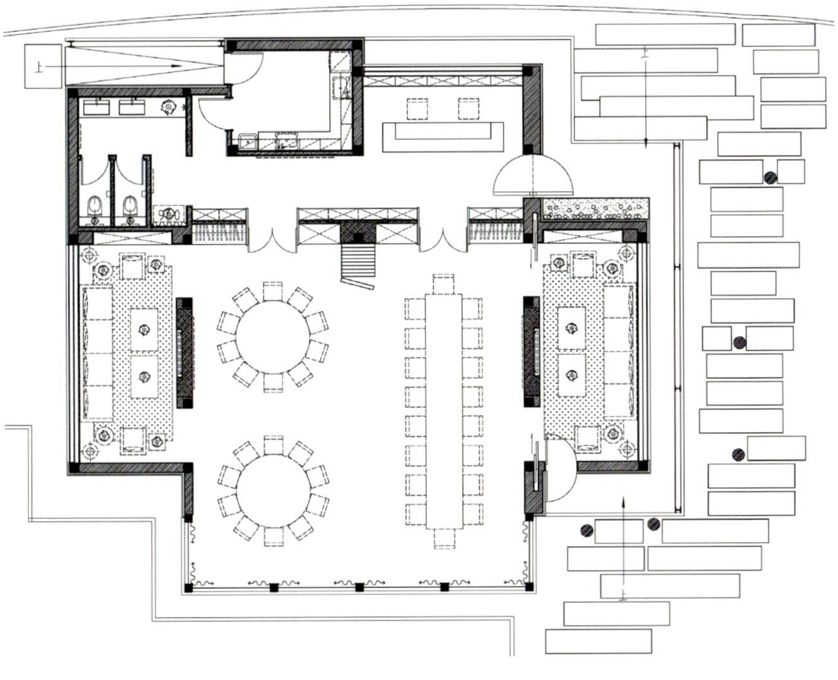

平面图

Blue Lake House

Blue Lake House

Y2 Space
元色餐厅

设计

重庆燚筑纵合室内设计有限公司
主创设计：刘攀
陈设设计：王晓蒙
参与设计：徐再攀 陈杨 邓义川

地点	面积	摄影	主要用材
重庆	550m²	张骑麟	黑钢、镀锌板、橡木地板、铁管、仿铜板

当时尚成为一种艺术，当用餐成为视觉享受，打造一个将时尚与个性融为一体的高级餐厅势在必行。元色餐厅力图呈现给众人一场独特的视觉美食盛宴。

本设计与空间自身浑然天成，两者的高度融合让人惊叹。柱子的不可移动性与灵动流畅的 T 台在视觉上产生强烈碰撞，正如宇宙间陨石的散落，两极分化的视觉总能带给人前卫的时尚感。

设计中阴影飘忽、线条穿插，设计仿佛不是营造一间时尚高端的餐厅，而是与众人一起欣赏宇宙中的昼夜流转。

延伸的曲线是光与影，黑与白的汇聚，曲形的 T 台在模特们轻盈的身影下似乎被赋予了极大的延展性，回环往复，如宇宙日夜交替般延续。

零星散布的筒灯穿插在整个空间中，如宇宙中的星，明亮闪烁却不刺眼，为空间的立体感增色。

万花筒的视角里充满着炫彩的变幻，空间里的陨石状浮云犹如飞舞灵动的蝴蝶，收揽了自然的极致美。

纵观整个空间，设计将空间的原态结构巧妙融合，隐形的飘逸元素的运用，让立体化的生活空间变成了一个独特的艺术展，正如设计师本人所说，时尚、艺术、生活终究离不开岁月的流转。

Kinsale Restaurant

金塞尔餐厅

设计

Kinney Chan & Associates
（德坚设计）
陈德坚

地点
中国香港

面积
279m²

餐厅的名字取自于金塞尔（Kinsale），一个爱尔兰近海小镇。同时，店主也正是来自于爱尔兰，因此总体设计上采用小镇金塞尔的风景和海岸元素，以传达业主对于美食和家乡的情怀。室内设计呼应主题，空间大致分为主用餐区、半开放式厢房及酒吧区。设计以舒适惬意的居家风格（home style）来定义主用餐区，装饰以爱尔兰著名摄影师 Giles Norman 的作品，让金塞尔壮观的海浪及当地的山羊形象，带出浓郁的地方色彩，彰显空间的独特个性。半开放式的厢房内的水泥墙，由设计师陈德坚亲自操刀，刻上了金塞尔著名的灯塔景观。天花板上采用有木筏元素的吊灯，将海洋与海边生活的质感铺满整个餐厅。

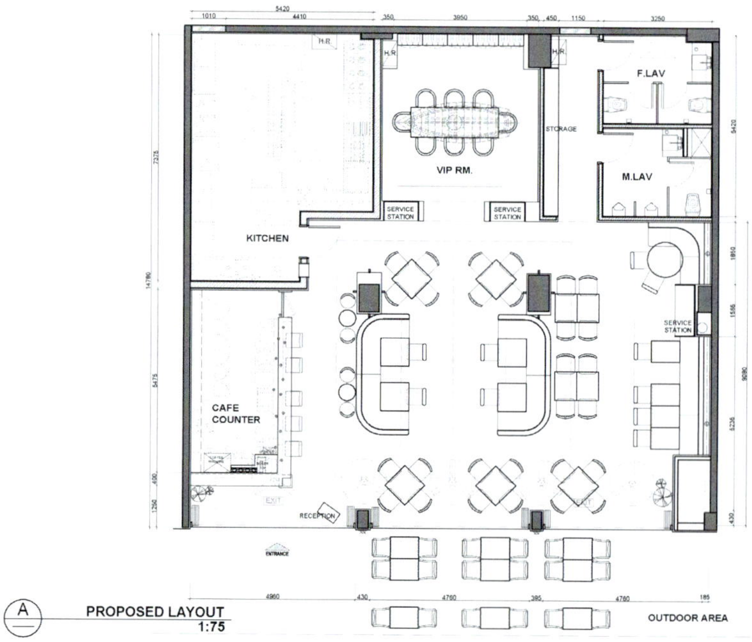

平面图

"Watch the SUNRISE
at least once a year,
put a lot of marshmallows
in your hot chocolate,
lie on your back &
look at the STARS,
never buy a coffee table
you can't put your feet on,
never pass up a chance
to jump on a trampoline,
don't overlook life's small JOYS
while searching for the big ones."

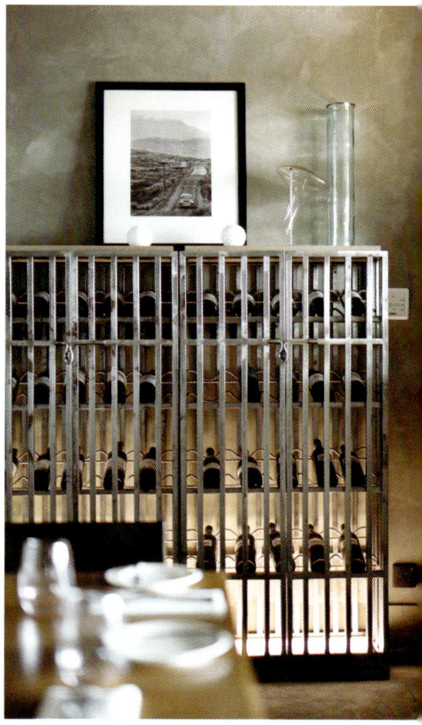

Porterhouse by Laris

Porterhouse by Laris 餐厅

设计

Kokaistudios

Andrea Destefanis Filippo Gabbiani 邵树文
瞿丰瑜 Nolwenn Burban 辜瑞雪 黄冰冰

地点	面积	摄影
中国香港	590m²	Edmon Leong

这间餐厅位于中国香港中环兰桂坊集团旗下的加利福尼亚大厦。Eclipse 集团在香港餐饮界已拥有一定的规模，他们希望这间由久负盛名的名厨 David Laris 主理的餐厅能重新定义香港高端牛排餐厅。

此项设计作品也标志着 Kokaistudios 在亚洲以其标志性与定制化并存的设计服务的持续探索。Kokaistudios 将餐厅的品牌概念进一步发展为肉类和海鲜的烧烤餐厅，用直观的室内设计丰富了餐厅的内涵。

精心的布局将厨师操作台、肉品展示柜、就餐区、休闲区、半包厢、露台和吧台有机地安排，突破了空间的限制，并使就餐者能逐步深化自己的就餐体验。走出电梯即可看到接待前台和高桌。来宾们从这里开始感受餐厅的活力。高桌如同露台的延伸，但被折叠门隔开。在适宜的天气，这扇门可以完全敞开，给就餐者提供更多的选择。主就餐区包括吧台、就餐区、肉品展示柜、厨师操作台和开放式厨房。大气的六米高天花板由参数化三维几何镜面、黄铜和灰色木材组成。它倒映着餐厅各个局部和身处其中的就餐者，有意压缩了一些空间，却能带来灵动与生机。

指向电梯的位置为吧台，提供招牌和经典鸡尾酒，同时配有 DJ 设备，也可单独服务不需要就餐的客人。

porterhouse

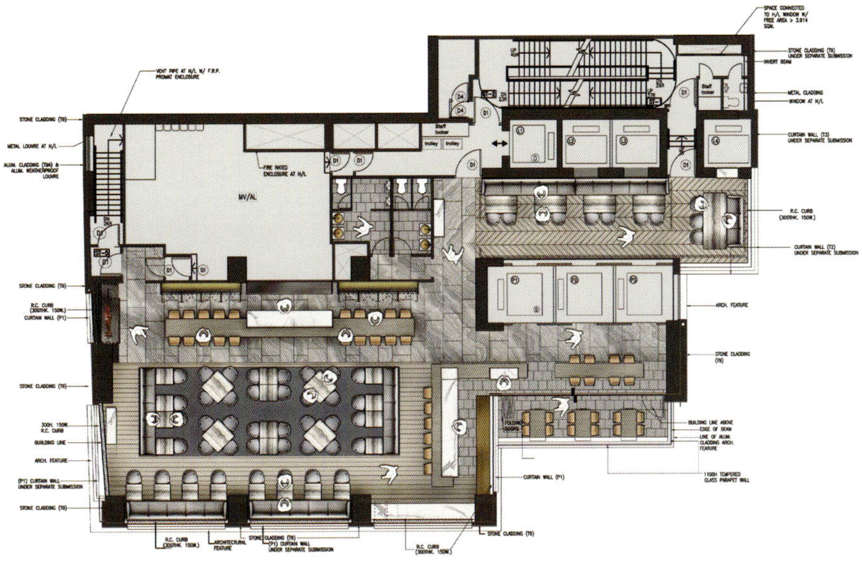

平面图

考虑到就餐者的视野，Kokaistudios 在布局时保证每个在主就餐区的座位都可看到开放式厨房。休闲区和半包厢可容纳 26 人，由半透明的金属质感窗帘隔开。

其他设计亮点还包括厨师操作台背后的酒柜墙。新鲜的海鲜和肉品在大理石台上进行处理的过程增强了餐厅的气氛。定制酒柜可设置 3 种温度，并贮藏 800 瓶美酒。主就餐区的尽头还有一个定制的肉品展示柜。其中不仅有上等肉品，也摆放了皮具等动物及其衍生的皮革产品。主就餐区的落地玻璃窗可俯瞰兰桂坊街区景色。午餐时间光线柔和，晚餐时间则在精心设计的灯光下显现出活力而性感的一面。

为了强化材料的质感，简单却深邃的色调乃是有意为之的。皮质座椅靠背的背后安装了把手，模仿高档手提箱，材料为上等小牛皮。柜子的黄铜细节和金属质感的窗帘呼应了加利福尼亚大厦的外立面。餐厅的另一个亮点则来自柏林艺术家 Brittany Gould 的雕塑装置。这件几何感十足且射出温暖光线的大型艺术品呼应了天花板的装饰，位于主就餐区和半包厢之间的空间。

DMX Boutique Wines & Steak

DMX 精品葡萄酒与牛排餐厅

设计

山隐悦界（北京）空间设计有限公司

郭明 王鹏

地点	面积	摄影	主要材料
山西太原	200m²	张毅	彩色涂料、橡木、旧砖

DMX精品葡萄酒与牛排餐厅位于太原市南中环街529号，这里是美食爱好者的圣地。精品葡萄酒与牛排是这间餐厅的特色美食，也因此成为当地知名西餐厅而备受推崇。该项目是设计公司的最新作品，餐厅的室内设计融入了许多受到现代人欢迎的元素，包括天然的材料、不同纹理的木头、皮革、铁、抛光的金属架子和结构、柔和的光线，还有一些仿古画像。除了大量的现代化元素外，设计师希望把餐厅创办者的个人履历背景与餐厅的室内设计风格融合在一起。由于创办者来自中国香港，文化的交汇碰撞是设计师希望呈现的效果。如此一来，混合着地方特色的餐厅更显得与众不同。

在空间的硬装上，设计师采用了偏重的色系以体现绅士的沉稳和内敛。青砖墙面设置十字木条格栅。不同材质的透叠运用，丰富了装饰效果。当灯光透过格栅照射在青砖墙上，光影的关系加深了纵向距离，也增加了空间的层次感。信步其间，几幅通顶的佛像油画尤为抢眼，作为隔断，将空间划分成多个区域，既共为一体，又相互独立。佛像本是东方文化的代表，而在此空间中却以抽象、现代的绘画方式来演绎，这样拿捏有度的结合将东方传统精神以现代手法诠释，张扬中有几分收敛，稳重中又多了几分贵气，这正是设计师希望得到的“融合”的概念。

设计师在软装设计中没有添加过多的装饰元素，以尽可能简单的方式展现材质本身的质感。颜色则是选择了明快的青莲

与白色搭配，仿佛蔚蓝的海湾泛起点点涟漪，清新且灵动，对应业主来自于香港的地域特点。错落有致的吊灯倒映在玻璃隔断上，配上暖色灯光，提升了空间的艺术氛围。

好的设计，往往赋予空间情怀和温度。它能使身处繁华，久居闹市的人们驻足，去感受与空间的交互，进而感悟出空间的能量和美感。其美轮美奂的艺术表现力，让人们在感性与理性间感受一种平衡的美，并找到最切合自己的生活温度，这便是设计的力量。设计师们希望每一个前来用餐的人都能有这样的体验感，落座其中，感受着多元文化在彼此浸染中生生不息，用新的姿态焕发出时代与地域文化的活力。

Jinyuexuan Seafood

金悦轩海鲜城

设计

OFA 飞形设计咨询
耿治国 Gustaf Kan

地点　　面积
中国澳门　1500m²

当东方海滨遇上新奥尔良的浓烈色彩，渔人码头的悠闲与澳门的生活节奏发生碰撞——位于澳门渔人码头的金悦轩海鲜城融汇中西文化，营造出品位高雅、舒适轻松的用餐环境。金悦轩以西式经典的拱形弧线为代表符号，在窗框、门洞与天花板着力勾勒，呼应着海洋波浪的线条与意象。设计与整个渔人码头的建筑风格呼应，但更显精致典雅。设计师将中式风格中的典型元素如意云纹以多样化的手法应用于餐厅的空间建构中。它时而现于迎宾门上，时而化为雕镂而成的隔栅花纹。它以钉扣为廓，成为包房钉扣壁纸的图案；也化为暗纹，低调地显露于玻璃墙体中。

软装陈设以“色”点挑，采取现代手法呈现中国传统的花卉与物品，例如，以鲜艳的四色胭脂盒为主题创作的装饰艺术品，以粉红纸片排布出花瓣的形态，以大量的纽扣错落有致地拼接出枝头含苞待放的花蕾，以宝瓶为外形但内里采用剪纸元素……通过别具匠心的装饰艺术品将中式文化转译为视觉形象，优雅铺陈在金悦轩的各处空间中。设计在雕琢“精致感”这方面不遗余力，不但将上万颗圆形小球严丝合缝地用手工钉嵌入窗框和墙体中，在钉扣壁纸的制作、树瘤墙板的拼接、弧形石墙的打造等方面也是精工细作。

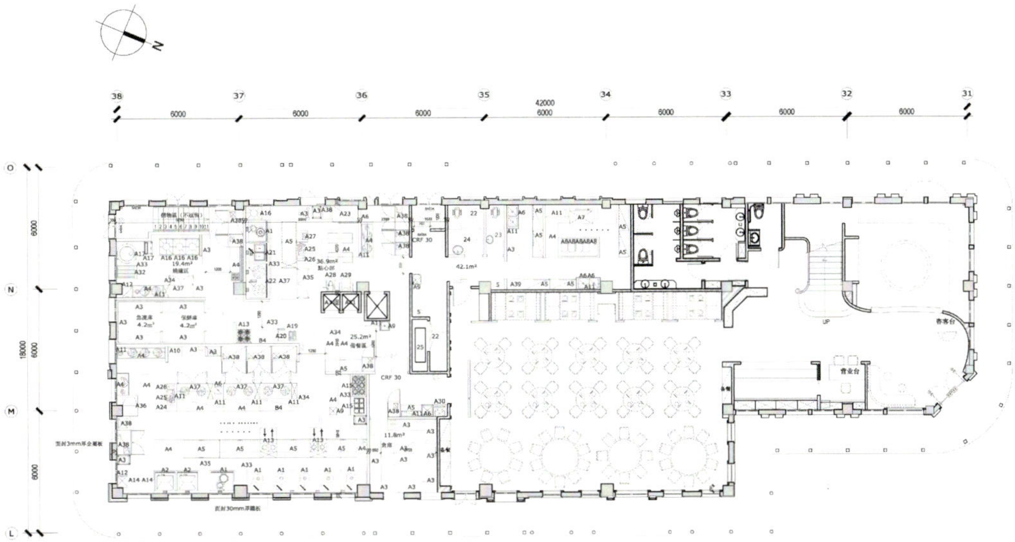

一层平面图

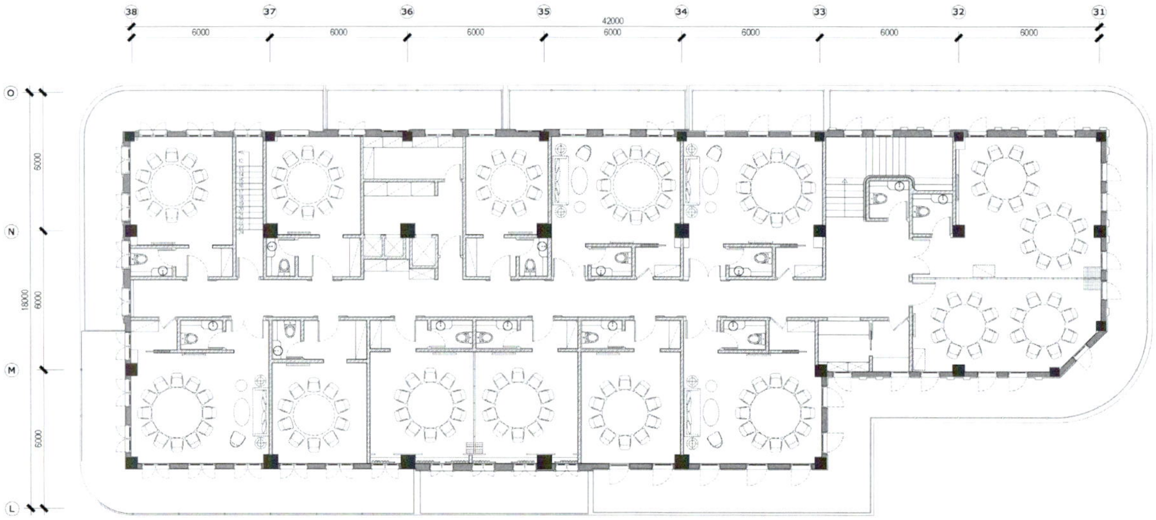

二层平面图

荷花

Ring · Sea

响·海

设计

杨焕生设计事业有限公司
杨焕生 郭士豪

地点	面积	摄影
中国台湾台中	252m^2	刘俊杰

海，如同孕育万物的母亲一般，令人敬畏，也令人向往，其中收藏着各种奇异的生物，同时也承载万物的生命。

因为向往海港、潮汐、船只、海鲜、海风以及对大海的渴望，所以设计以海港愉悦丰收为设计原型。

为了打破楼层间的距离感，设计特意塑造了挑高 10 米的中庭，令空间的变化更加流畅，利用渔网状屏风与斜纹木板界定空间与属性，海的自由感也流淌在此空间。餐厅空间规划上，一层属开放空间，二层则被划分为包厢空间，各单元间以活动式屏风为界限，但也可全部开启，贯穿视觉上对话的关系。

一层散客区以深色作为基底，象征海洋深层的神秘，使原本已挑高的楼层更加有层次，当中以灰白石材和金色清亮的铁件装饰，使室内空间的体量变得轻盈。通往二层，沿着楼梯上侧边挑高装饰的几何铁件更穿透了整体空间，垂直线性的镂空金属框镶嵌着镜面玻璃，分割了视觉空间，添加了几分视觉上的玩味感。

用餐空间利用蓝色屏风及卷帘营造出奢华又不失轻松的韵味和隐隐约约的朦胧感，使入座的客人能感受其中的氛围并拥有不被打扰的私密感。

夜幕低垂，华灯初上时，海港的灯火如繁星点点，带来神秘与自在。

设计之于空间，是塑造对心境的渲染与调剂。设计创造出享受海与港的环境，同时可以让客人大啖海鲜，也保留了私密的悠游氛围，让场域在丰富的层次之中仍可维持丰富的视野与想象。

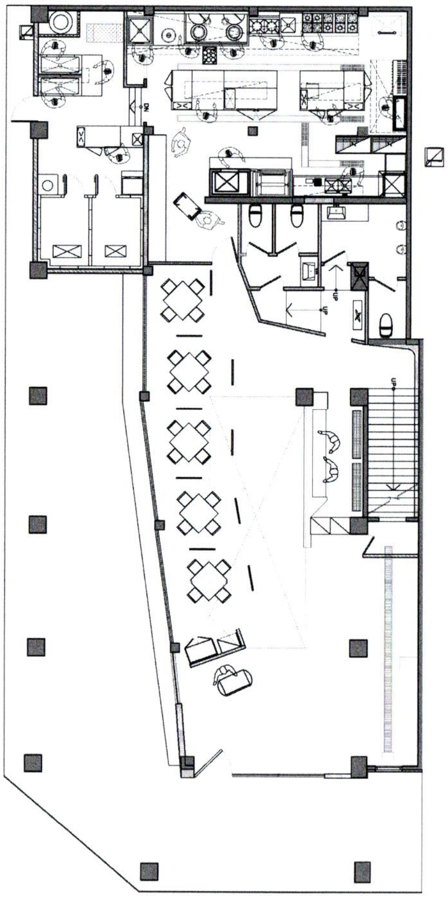

一层平面图

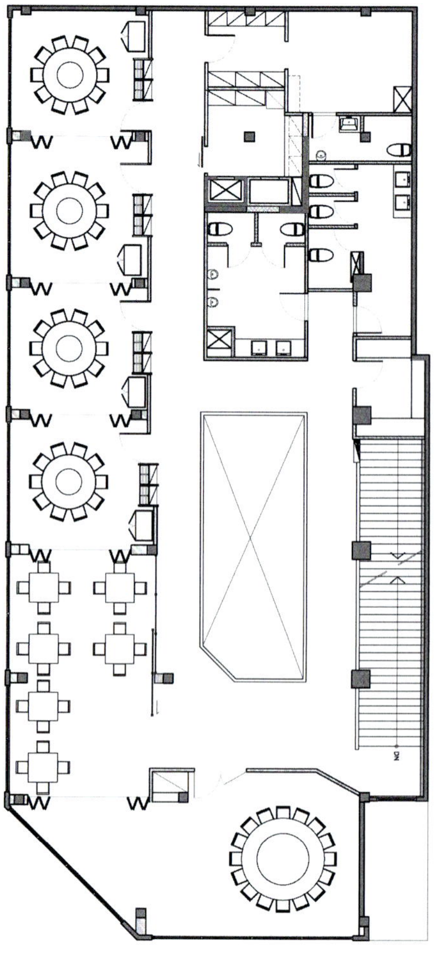

二层平面图

Shenglonghui Seafood

升隆会海鲜城

设计

福建东稻装饰设计工程有限公司
李川道 吴啊治 陈立惠 张海萍

地点
福建福州

面积
1500m^2

升隆会被定位为一家高端海鲜自助餐厅，以现代中式风格为基调，融入现代的质感和时尚气息，渲染出自身特有的品位和意趣。

在宽阔的外厅，地面和立面整体铺贴光亮的大块玻化砖，结合顶部密集的白色冷光源，营造出明丽透亮、流光叠影的都市时尚空间。设计采用大量留白的微晶玉形象墙、黑色铿亮的艺术钢琴以及层层叠叠的金箔吊顶，不经意地流露出贵气与大气。走近服务台，墙面上大大小小数十个蓝色餐盘层叠有序、错落有致地粘贴成一枝舒展俊逸的梅花，使外厅的现代时尚与内堂的中式典雅之间获得自然的衔接。

设计师化用中国传统文化中的典型符号元素，将之融入内堂整体的装修风格与用餐的器具中：内堂顶部古色古香的木造型、区域之间的朱漆雕花隔断、自助餐台的顶部造型和背景雕花、若隐若现的棂格轻纱屏风、餐桌台面的仿黄花梨包边以及仿古代盅鼎造型的黄铜火锅，处处散发着浓浓的古典韵味。为了避免厚重和压抑感，设计师间杂采用玻化砖、石材和金属等现代风格元素来平衡餐厅的调性，创造出更宜人、动人的空间与情境。

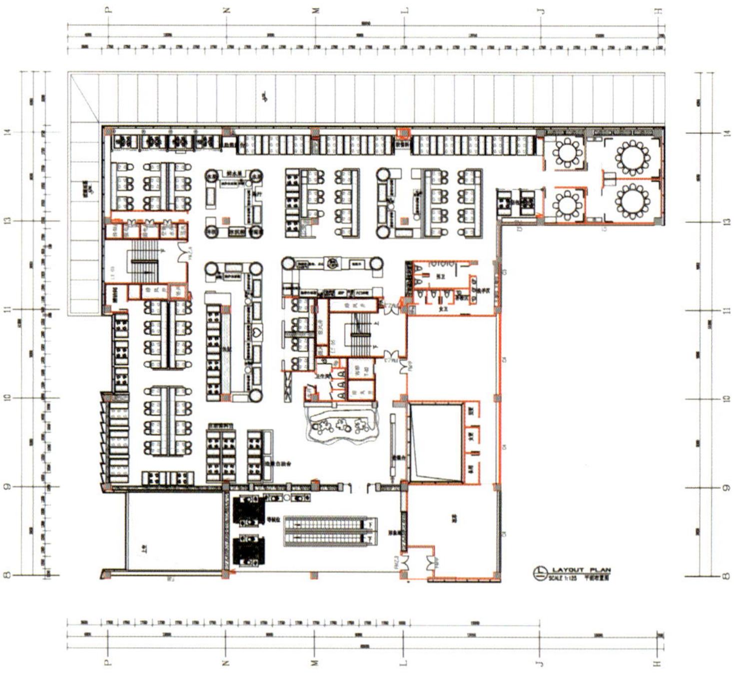

平面图

Tianyuge

天域阁

设计

叙品空间设计

蒋国兴

地点

新疆乌鲁木齐

面积

$1050m^2$

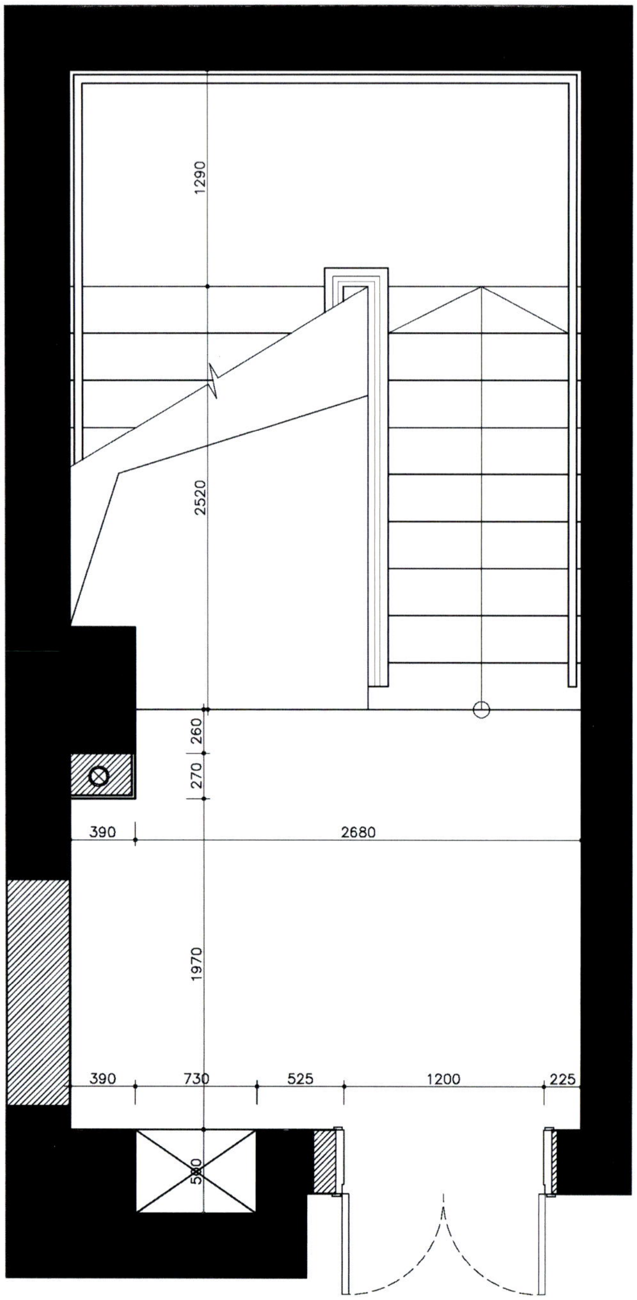

一层平面图

天域阁坐落于乌鲁木齐骑马山，建筑外观为欧式风格。为了配合项目的整体定位，室内设计整体以欧式风格为主，局部混搭以传统的民族风格，大气而不失细腻。走进一层主入口，右边是大幅新疆风景画，左边伫立着淡蓝色的装饰柜，顶面采用八边形吊顶与装饰吊灯，地面的花砖一直延伸至二层。

二层空间整体的色调为灰色，服务台使用黑色钢艺雕花以呼应银质吊灯。六米高的拱顶贴以金箔，顶部一片云朵贯穿整个大厅。二层散座区顶部为蓝色与黑色结合的八边造型吊顶，卫生间地面铺以花砖，加上鹅卵石墙面，弥漫着拙朴的气息，令人仿佛置身楼兰古国。二层包厢延续了总体的设计理念，以灰色为基调，配以彩色餐椅和酒红色窗帘，营造出宁静的空间。

基于建筑空间充裕的尺度，设计师改造出一个夹层。顺楼梯往上，迎面而来的是一面嵌有大小不一壁龛的墙，透过壁龛的光形成了美妙的景致。顺着走廊来到大包间，六米高的拱顶绘制了民族风情画，墙面的画卷与之呼应，如史诗般缓缓铺开，讲述一个个娓娓动听的故事。

连体包厢的隔断同样使用黑色钢艺雕花，四面拱顶造型颇为独特，自然流露着地域特色。银质吊灯的光影散落在餐桌上，形成另一道风景。

三层大包房保留了原顶造型，以木质修饰，营造原始古朴的森林气息。穿过大厅是一个小露台，到了夏夜，人们可以在这里静看清风起舞，与明月相伴。

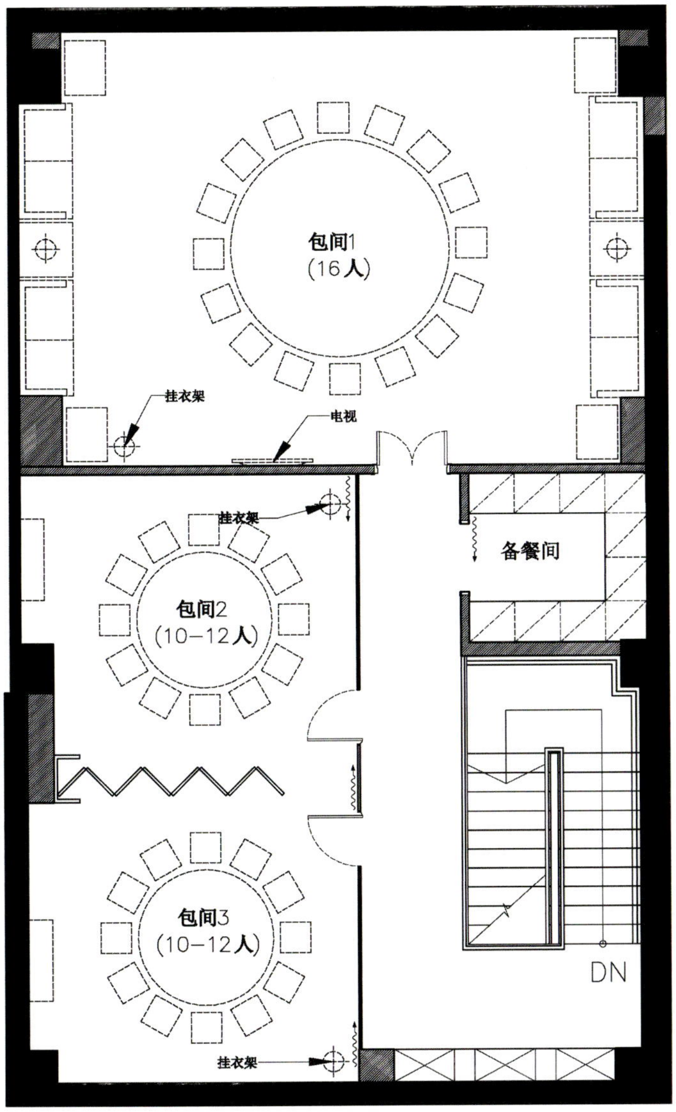

二楼夹层平面图

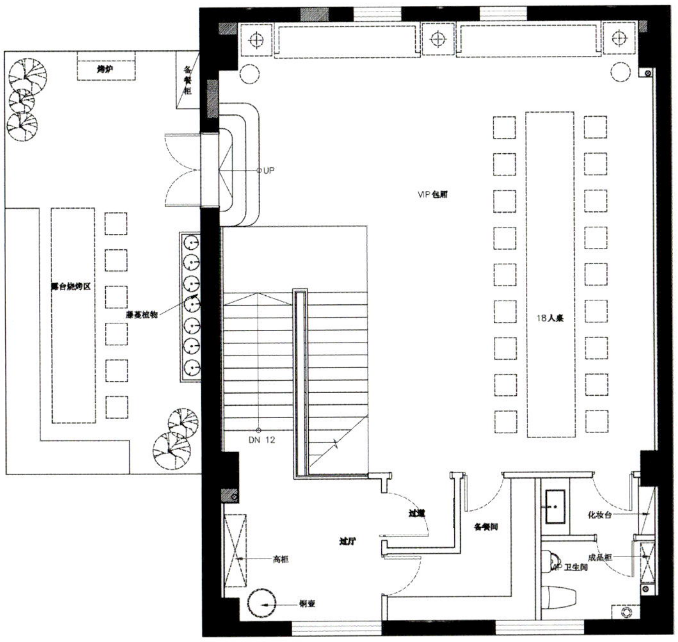

三层平面图

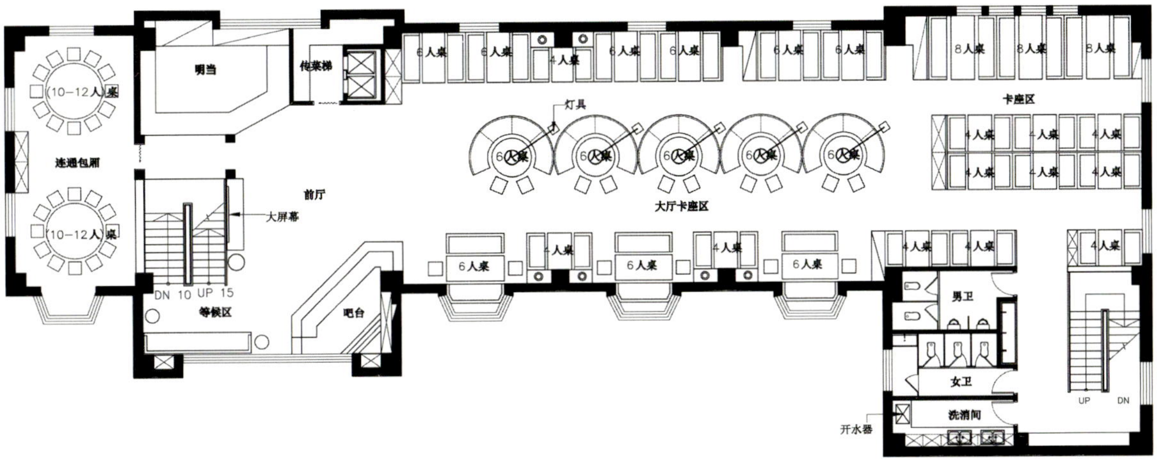

明档
传菜梯
10-12人桌
连通包厢
10-12人桌
前厅
大屏幕
DN 10 UP 15
等候区
吧台
6人桌
4人桌
8人桌
灯具
卡座区
大厅卡座区
男卫
女卫
洗消间
开水器
UP
DN

顶层平面图

View the Jiang Nan Restaurant

观江南

设计

合肥许建国建筑室内装饰设计有限公司

许建国

地点	面积	主要材料
安徽无为	650m²	花格、石材、铁板、墙布

餐厅以江南情韵为主调，融合以雅致的欧式装饰元素，空间宁静、清新而又富有现代气息。设计师采撷竹、梅、纸扇等元素，让它们巧妙地“散落”在空间各处。竹节和竹叶的形态经过组合，或明或暗地出现在楼梯扶手、二层楼梯的顶部、建筑顶层天花板、大堂墙面和部分包间的墙面上，借由光的变化获得多变而微妙的视觉效果。纸扇扇面的局部经过放大，为在大堂和部分包间的墙面带来立体感。进入大堂，视觉的前端落在楼梯的玻璃扶手（隔断）上，金色鹿角藏身其后，再远处是地面上的黑色石雕和较远端梅花主体的展示橱窗。由此，客人被引导进入一层内部的包间和就餐区，在宜人的尺度中造就移步异景的空间感受。服务台以黑色边框搭配立体石材饰面，石的硬朗、竹的隽秀、梅的轻盈以及天花板上流动的装饰线条，构成了极丰富的画面感。

设计师利用餐厅本身的格局，在大堂一侧设置占据整面墙的红色酒柜和布局轻松随意的小型会客区，呼应着现代都市生活的常态。二层楼梯一侧采用疏朗有致的黑色隔断，与二、三层一侧的白色楼梯、明亮的顶层白色门窗形成强烈的对比。

包房、室内公共空间的地面和墙面总体色调明亮轻快，搭配以色调淡雅而不失亮丽的欧式家具，营造出现代的、令人愉悦的餐饮空间。

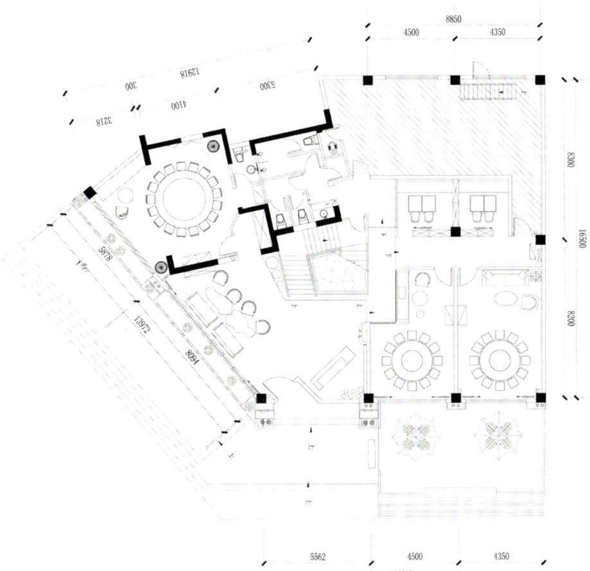
8850
4500
4350
12918
300
5300
4100
3218
16500
8300
8200
5562
4500
4350
14412

一层平面图

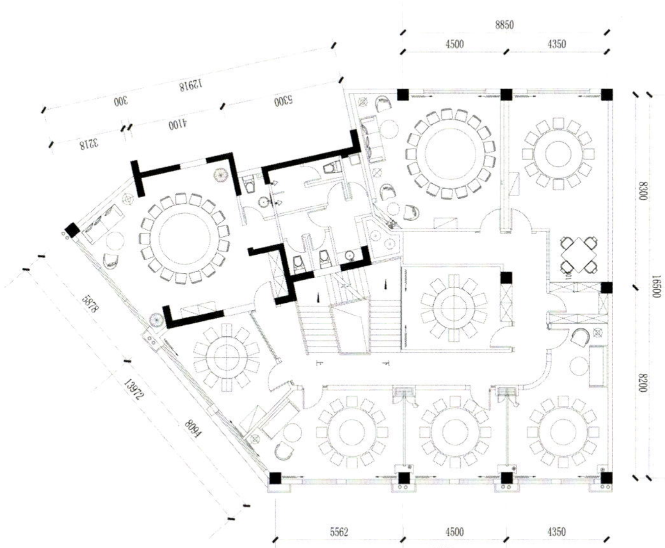
8850
4500
4350
12918
300
5300
4100
3218
16500
8300
8200
5562
4500
4350
14412

二层平面图

永和九年岁在癸丑暮春之
禊事也群贤毕至少长咸集
又有清流激湍映带左右引
无丝竹管弦之盛一觞
朗气清惠风和畅仰观
目骋怀足以极视听

倦情随事迁感慨系之矣
自足不知老之将至及其所
同当其欣于所遇暂得于己快
浪形骸之外虽取舍万殊静躁
抱晤言一室之内或
夫人之相与俯仰一

Yue Restaurant

阅餐厅

设计

PANORAMA 香港泛纳设计事务所

潘鸿彬 黄卓荣 洪金源

地点	面积	摄影
四川成都	500m²	吴潇峰

餐厅位于成都市一间新落成的精品酒店内，为顾客提供各种亚洲佳肴和美酒。整个餐厅在原有的建筑物基础上进行延伸，把室内空间延展至半户外，创造出两个用餐区。设计的灵感来自传统山水画，以抽象的风景来描绘各式各样的亚洲佳肴。

设计师在新建的“钢与玻璃”结构底部加上木质棚盖组合，将室内和半户外两区连为一体，曲折造型的天花板和墙面开有窗口，可为室内提供不同角度的自然光，同时避免受到外界气温升高的影响。

开放式的座位设计围绕着活动的自助餐台，其摆设可根据顾客的需求作灵活的安排。落地玻璃旋转门进一步将室内外两区连为一体。利用木和铜在材质上的变化，为两个就餐区域营造意趣不同的就餐氛围。

室内的艺术装置作品以风景为题材，悬挂着的白瓷鸟与 LED 灯、再造纸构成的壁雕都给宾客带来极富东方艺术品位的空间体验。

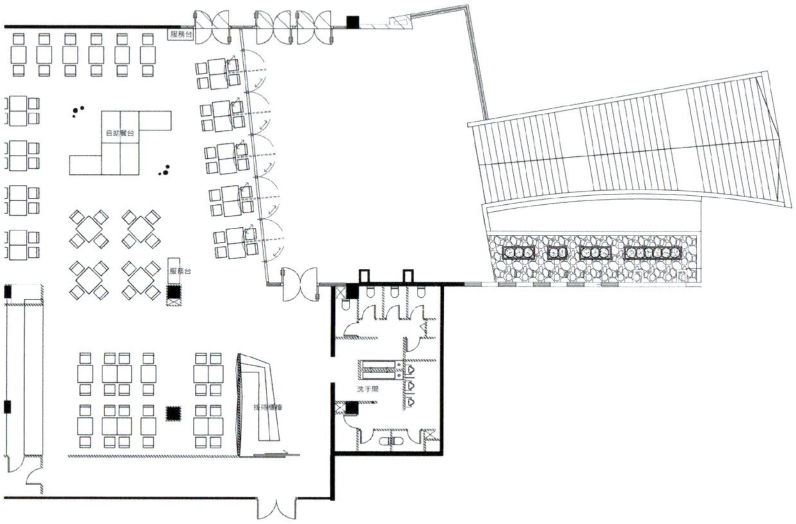

平面图

Café Bord de Mer

海玥餐厅

设计

Kinney Chan & Associates(德坚设计)
陈德坚

地点	面积
中国香港	597m²

这是一间明亮、自在而又浪漫的海景餐厅，采取开放式的布局和互动式的厨房，以原木为材料，营造出一个雅致舒适的环境，诠释一种轻松的、优哉游哉的生活方式。设计师采用落地大玻璃窗，引入明媚的阳光，让餐厅倍显开敞明亮、宽松舒适，让客人可以惬意地享受壮丽的海景和眼前的佳肴。

精心设计的“海玥台”更是一个融入自然的逍遥天地，令人身心完全地放松，尤其适合一边品尝餐厅的特色鸡尾酒，一边欣赏红日落入海平线的浪漫时刻，或者在璀璨的星空下一边聆听海浪拍岸的旋律，一边享受美味的餐点。

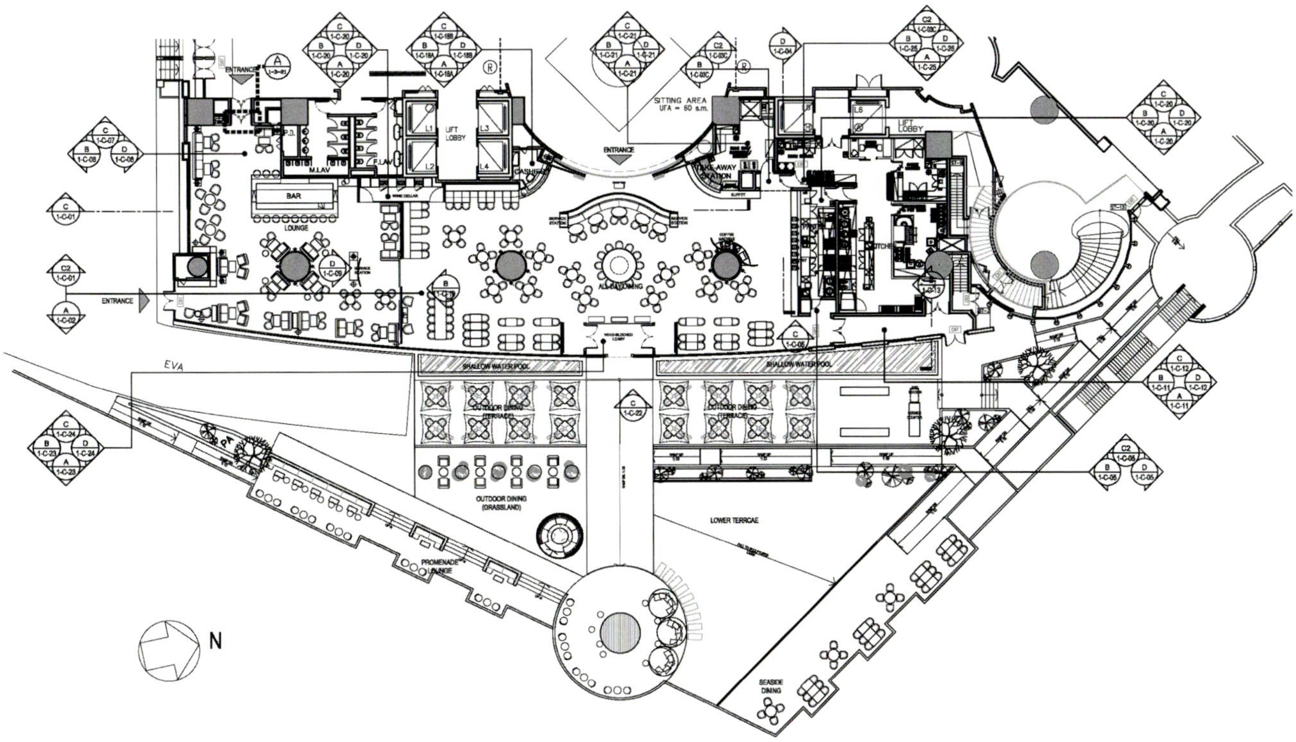
ENTRANCE
BAR
LOUNGE
M.LAV
F.LAV
LIFT LOBBY
SITTING AREA
UFA = 60 s.m.
SHALLOW WATER POOL
EVA
OUTDOOR DINING
(GRASSLAND)
LOWER TERRCAE
SEASIDE
DINING
N

平面图

朴

大味必淡，大音必希，大道必朴。朴，是中国传统美学中源远流长、深入人心的一支。所谓“朴”，原初的义域是指未加工的木料。《说文》里说：“朴，木素也”。段玉裁进一步解释说：“素犹‘质’也。以木为质，未彫饰，如瓦器之坯然”。“木素”就是未经锯凿，未经雕饰的原木，也就是木的本来形态。

木料未经过加工叫“朴”，那么推而广之，其他未经过人为，属于自然、本真的也就都可称为“朴”。

一处让人可以体会到空间、材质、意象之天性的场所，流露着素朴自然的心性，保持材料、工艺质朴纯真的天性，也就拥有了冲和、宁静、闲适、淡远的空间精神。复归于朴，饮食本来的真意不期然地显现于味蕾和心田……

Nest Restaurant

有巢游客服务中心文化餐厅

设计

合肥许建国建筑室内装饰设计有限公司

许建国

地点
安徽合肥

面积
1500m²

合肥有巢游客服务中心文化餐厅，融入万亩森林、枕于大美巢湖。这里景色秀丽，空气湿润，阳光水气充足，是一个休闲度假的绝佳去处。文化餐厅在合肥滨湖国家森林公园林区之外，位于主入口山水庐州广场西侧，是合肥滨湖国家森林公园的餐饮服务区。森林公园内处处以绿色为主调，以生态自然为最高宗旨，以生态修复为终极目标，彰显“自然、生态和野趣”。

公园依万亩森林而建，保持了公园原有的水系形态，保留了原生植物，减少了施工面积和人工雕琢痕迹，采用环保材料和生态措施，保持了公园原生态。基于这样一个大的环境及区位优势，设计师们在整体空间环境的设计上以生态、自然、和谐和人性为主题。沿袭公园建设理念，有巢游客服务中心文化餐厅紧扣自然生态主题，建筑采用覆土形式，室内装饰风格自然，营造出室内外互动，内外气息互通的休闲空间。

设计风格上采用自然主义，以生态环

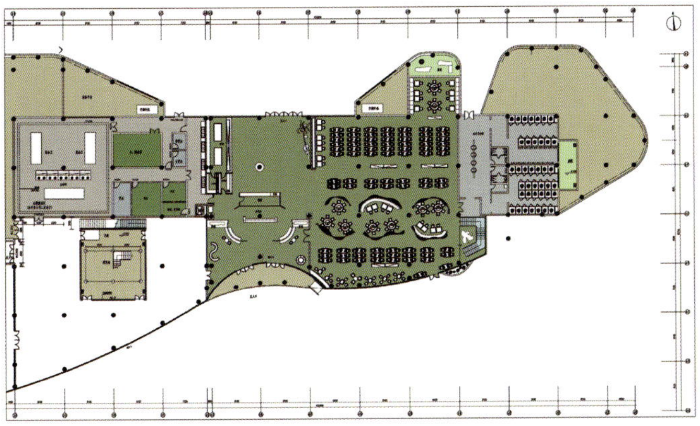

一层平面图

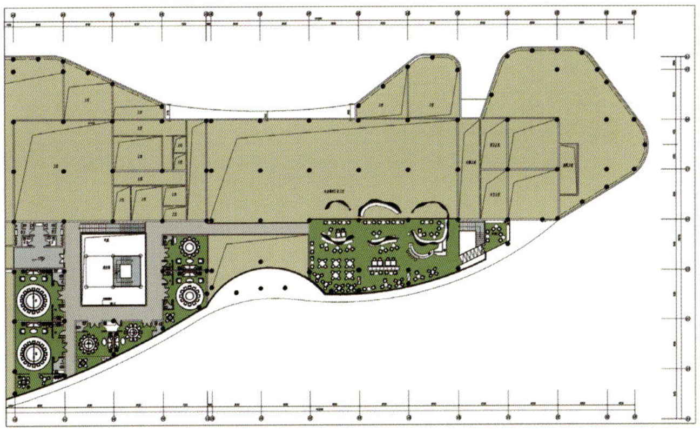

二层平面图

保为前提，打破缺少采光空间的沉闷与呆板，塑造时尚、温暖又具未来感的休闲空间。波浪形的木质竹林隔断是空间的一大亮点，缔造出“竹林世界”的童话感。波浪形的竹林灵动巧妙地围合出更具私密性的就餐区和休息区，使人如同置身幽静清新的竹林之中，让心灵找到归属感。装饰材料采用原生态材质，背光板取自麦秸秆原料，木装饰材料全部源自生态木。室内，抬头望飞鸟鸣唱，竹节依内柱向上而生；低头看竹筐、顽石点点布设，置身其间，在品茗听风，品尝美食间，心静如水、修身养性，体悟自然之本真。

几何形状的天花板、水泥色的灯墙、锈迹斑斑的复古云灯、太空感十足的雕塑及葱郁的绿植柱体，无不营造出一个休闲、生态、浪漫、充满诗意的公园餐厅主题环境。

上古有巢氏居此地，授众人构木为巢，以避野兽，穴居至巢居，更文明进步。文化餐厅以有巢为名，配建有巢塔。登塔顶，观巢湖渔舟唱晚，赏森林碧海荡漾，清新之气荡涤心灵。在这个林湖共生之地，以自然的名义，娓娓道来：天人之一体，绿色之文明…… 家具的选取上采用款式经典的原木餐桌椅和布艺休闲沙发。当阳光洒进来时，地面上满是竹子的影子，光影摇曳，让人留恋并陶醉其中。

最特别的是卫生间里面高高倒挂在顶部，既做天花板又做艺

术装置的竹匾，让人们联想到古人用竹草搭建的茅厕。巨型石盆如雕塑般放置在空间的中央，彻底颠覆了人们心中的洗手盆模样。在这样的环境中，能享受到的不仅仅是身体的放松，精神同样也能享受放松。

一个好的空间要体现人性，考虑人的感受。而设计师要做的则是在各种元素及材质中寻求平衡和突破。

餐厅建筑外观本身就是空间艺术的一部分，在室内空间，艺术氛围与灯光的配合很统一。设计师用很少的艺术元素营造出浓厚的艺术氛围，空间中高耸的竹林隔断犹如一个巨大的艺术装置，自然地置身于餐厅之中而无刻意地雕琢。设计师在此空间中让建筑、室内与自然心有灵犀。设计不再是一种表面上的东西，而是经过深思后的思想，更是一种责任。

Yuanli Hot Pot

园里火锅

设计

APDC 亚太设计中心
沈嘉伟

地点	面积	主要材料
四川成都	1380m²	水泥、水泥板、玻璃、艺术涂料、水泥自流平、黑镜、石材等

火锅店的业主是建筑设计科班出身，对于火锅的食之道以及餐厅的室内设计颇有见地。设计师与业主之间的沟通也因此迸发出许多火花。本案采用水泥材质来搭配文艺气息十足的纯手工木作造型，餐厅总体上呈现工业风格，但又不失细腻。为了使水泥的肌理感得到更好的表达，工匠进行手工打磨、手工镶嵌，因此产生了极为丰富的细节和肌理。水泥、水泥板以及玻璃的搭配看起来既现代又别致。在后期的灯光选择和软装搭配方面，设计师仔细斟酌质感、色温以及各元素之间的穿插对比与相互和谐。

室内设计与原建筑之间的关系也是本案的亮点之一。如何去美化大厅中央原有的构造柱？设计师利用原有的结构，将其做成枯树景观，用水泥去塑造和打磨树皮的肌理，使其与周边的空间情境相得益彰。

RAINBOW

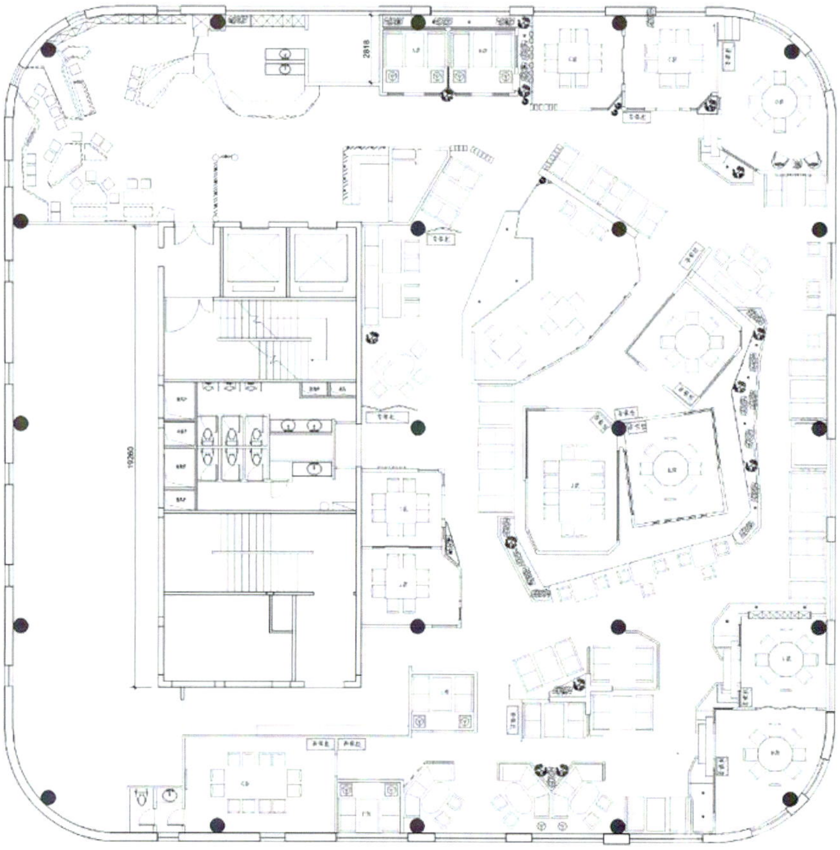

平面图

月湾

元里

Shanli Shanju Boutique Chinese Restaurant

山里山居精品中餐厅

设计

李友友设计师有限公司
(Evans Lee Designers Limited)
李友友 邓发杰 侯永恒

地点
广东广州

面积
110m^2

“采菊东篱下，悠然见南山”描述了从古至今国人对归于自然的崇尚和对宁静淡泊心境的青睐。餐厅坐落于广州番禺市郊，坐拥天然之美，又有历史文化的传承，处处弥漫着自然的乡村风情。周边山水环绕，人在其中可以享受野生动物（野鸭、鹅群等）相伴的趣致。邻近又有年轻艺术家聚集的艺术展区 (Art Gallery) 和四海马术场。

既然已经有了优美的自然地理环境，餐厅建筑又是悬浮于平静的湖面上，设计师尽量保持环境原有的风貌，在设计中融入茶具、檀香、莲花、水墨画等元素，营造一个平静而富有禅意的空间。家具与陈设在乡村的纯朴与现代气息之中取得平衡，别有风味。

Hot Pot & Sukiyaki Restaurant

亭上极火锅 / 寿喜烧

设计

文仪室内装修设计有限公司

李绍瑄

地点

中国台湾台北

面积

420m²

本餐厅希望简单原味地呈现火锅 / 寿喜烧美食，使全家大小可以一起分享围炉时光，伴随着多汁的精选牛肉，凝聚着欢乐的气氛，这是餐厅想带给台北人的精神初衷。

空间以茶道精神为轴心。

在繁复中强调极简的精神，将万物的自然样貌保留。一进入店内，阳光的透射带来温暖。建筑物历经 50 年岁月，残余的水泥材质赋予空间冷冽的冲突，带有香气的木头质地传达出温润凋零的美感。交错的冲突与材质本身的纹理强调了对渐逝生命的审美态度以及对不完美状态的凝视。空间的线条与材质上传递静谧的意象与精神，希望创造出一个让人们能够安静下来并看见美好事物的纯粹空间。

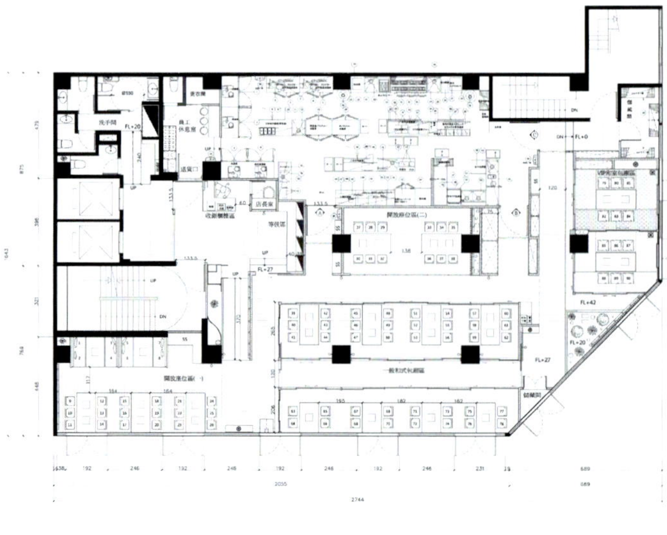

平面图

空间分配上，区域性地营造出各空间的个性与围炉而坐的热闹。宴会厅大包厢区域，隐约的格栅木门搭配着光线的折射与渐层美。举办宴会时，可将格栅门取下变成 40 人的大宴会厅。区域之间的变化也运用颜色的变化传达空间情绪，转折处的开放用餐空间顺着斜坡转化成深沉的黑色色调。现代而简约的材质纹理在光线的折射下突显低调的氛围。

设计运用不同材质的交错呈现，刻意强调凋零与流逝的孤寂美。设计使用木头和水泥等材质，大胆保留材料的质地纹理。单一性的材质与简约的线条，透过光线所赋予的生命力，随着时间和角度的变化产生丰富的效果，衍生出空间最自然的温度。项目采用减法设计，尊重每一种建材本身的原始味道，减少建筑结构体的负担。

视线尽头处的枯枝端景隐约倒映出台北市的喧嚣车流，紧邻着的是日式传统榻榻米客席。因设计师珍惜木头的纹理与传统工艺，不使用钢钉，只采用细腻的榫接工法，细腻地刻画传统。

Xunxiangji Restaurant

巡湘记

设计

上海沈敏良室内设计有限公司
沈敏良 朱伟奇 秦晓云 徐维

地点 面积
上海 520m²

湘菜品牌在上海的竞争非常激烈，想要突围并不容易。设计师与业主反复沟通，将餐厅定位为“地道湖南”风格，从湖南寻找相应的元素和艺术手法，突出餐厅的差异性，给顾客以全新的感受。

为传达地道的湖南文化风情，设计师专门造访湘西古城凤凰，体验当地的风土人情。湖南地势错落，居民依山而居，傍水而活。设计师把这个典型的环境形象融入餐厅，结合多媒体、灯光、软装、绿植、舞美等现代装饰手法，提供了完整的情境体验。

设计通过抬高部分区域形成视觉落差，打破视觉的平直性，实现迂回、高低、错落的视觉特点。餐厅本身的空间是一个长矩形，纵深跨度大，所以设计师在平面布局上把厨房切成三段：后厨、中间的明档以及作为前景的场景布置。设计在满足商业布局、座位率的同时，让空间拥有非规则性和更鲜明的层次性。为真实还原湖南民俗风情，设计师选材皆源于自然。青砖、土瓦、老木板和原木等质朴、简单的设计材料呼应着设计主题，使人回归自然。

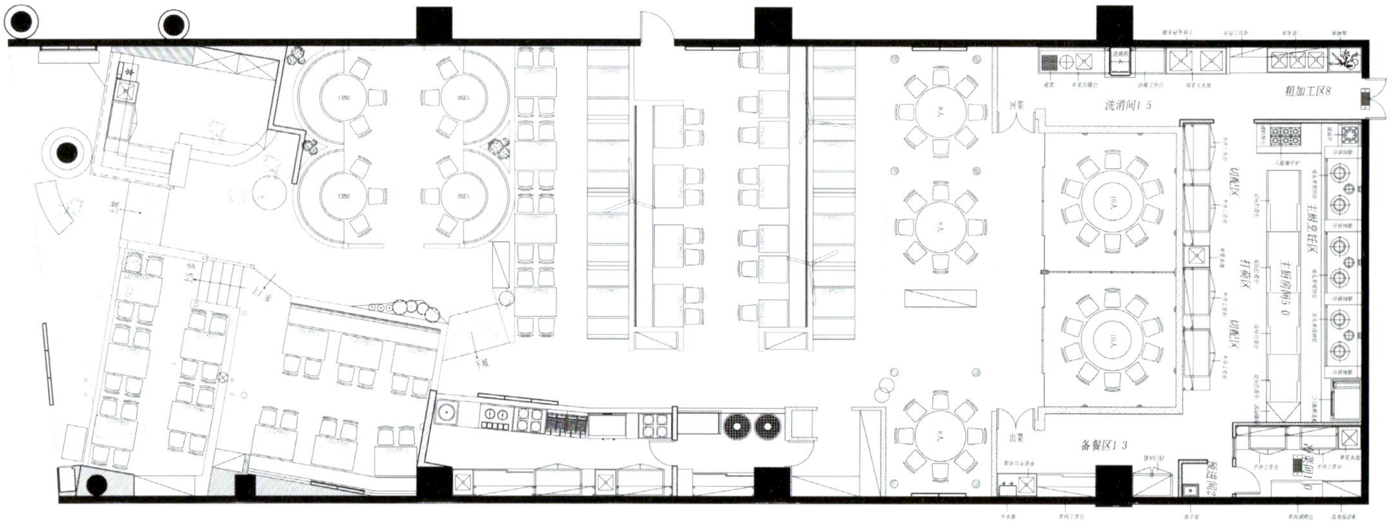

平面图

洞庭湖

Chufang Yuezhang Restaurant

厨房乐章

设计

上瑞元筑设计顾问有限公司
范日桥 朱希

地点	面积
上海	600m²

本项目是对营业性餐饮空间进行的一次愉快的“家厨”化演绎。设计注重对趣味、节奏和休闲氛围的营造，让整体空间灵动而富有乐感。空间切割变化多元、简洁、干练，令不同空间呈现各异的形式与内容体验。在元素演绎上，厨房用具和调味品获得了“重用”，情境感十足，并通过浑然天成的素雅色彩以及材质的大背景消解了“火气”与“出位”。整体空间温馨而淡雅，将情趣与品质感以国际化手法进行演绎，创造出了亲和、愉悦、趣致有加的就餐氛围。

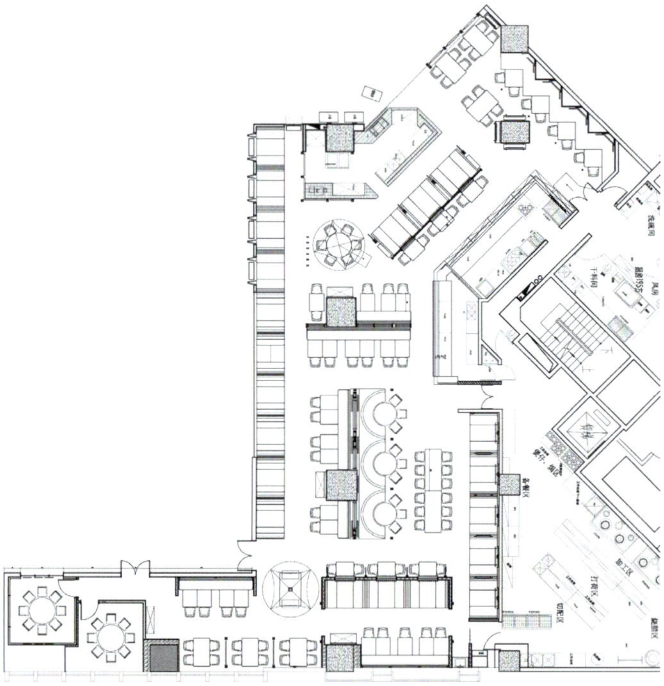

平面图

WELCOME TO
FAMILY KITCHEN
ENJOY TASTY
VARIOUS
KNIFE AND FOX
CUTTING BOARD
ENJOY TASTY
VARIOUS
FAMILY KITCHEN
WELCOME TO
FAMILY KITCHEN
ENJOY TASTY
VARIOUS
KNIFE AND FOX
CUTTING BOARD
ENJOY TASTY
VARIOUS
FAMILY KITCHEN
FAMILY KITCHEN
ENJOY TASTY
VARIOUS
KNIFE AND FOX
CUTTING BOARD
ENJOY TASTY
VARIOUS
FAMILY KITCHEN
B25

WELCOME TO
FAMILY KITCHEN
ENJOY TASTY
VARIOUS
KNIFE AND FOX
CUTTING BOARD
ENJOY TASTY
VARIOUS
FAMILY KITCHEN
WELCOME TO
There is nothing but food and love that we can fail to live up to

WELCOME TO
FAMILY KITCHEN
ENJOY TASTY
VARIOUS
KNIFE AND FOX
CUTTING BOARD
ENJOY TASTY
VARIOUS
FAMILY KITCHEN
ENJOY EASY
VINTAGE
B25

WELCOME TO
FAMILY KITCHEN
ENJOY TASTY
VARIOUS
KNIFE AND FOX
CUTTING BOARD
ENJOY TASTY
VARIOUS
FAMILY KITCHEN

ENJOY
TASTY

樂廚
章房
ENJOY TASTY

The Best Hot Pot

金牌山城一锅火锅店

设计

上瑞元筑设计顾问有限公司

范日桥 朱希

地点 面积

上海 400m²

本项目空间设计呈现“小而精”“趣而品”的特点。饱和的色彩及鲜明的“火锅”元素，都与业态固有的“重口味”印象呼应并吻合。其间，有对重庆火锅文化的勾勒和解构渲染，有对核心视觉区域的重彩刻画，更有对现代构成的形式演绎，以热闹的气场、耳目一新的架构和布局，实现了空间使用率与场景体验的均衡，同时达成了文化调性、业态属性、审美趣味的三位一体，满足了顾客对“高尚火锅”的期待。

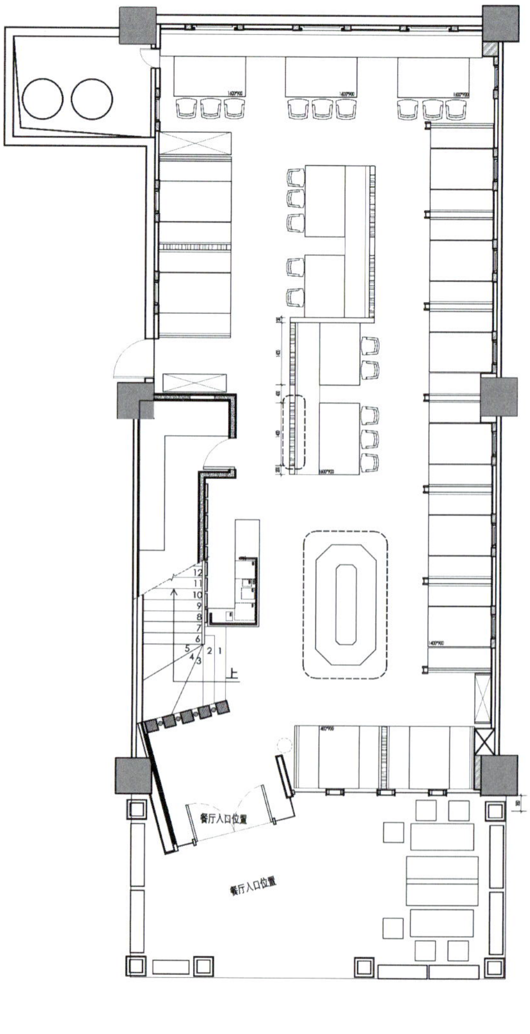

一层平面图

原味
重慶
山城一鍋
老湯
九州
百年
香
春夏秋冬
紅火
火火紅
火鍋
鍋鍋火

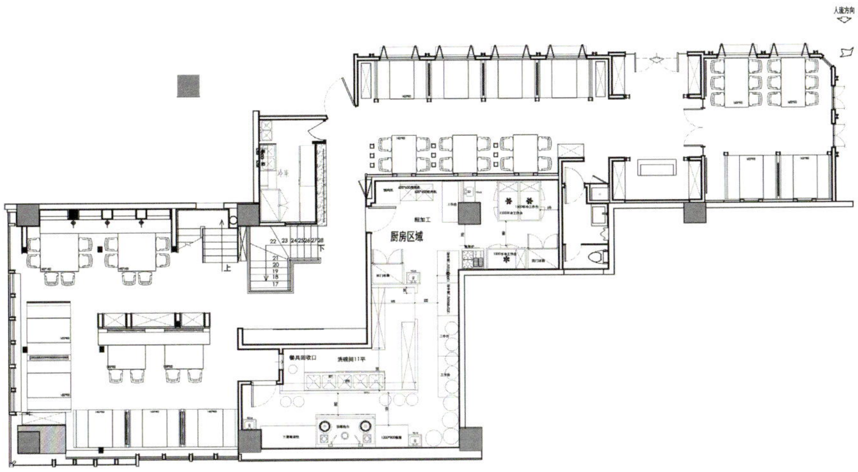

二层平面图

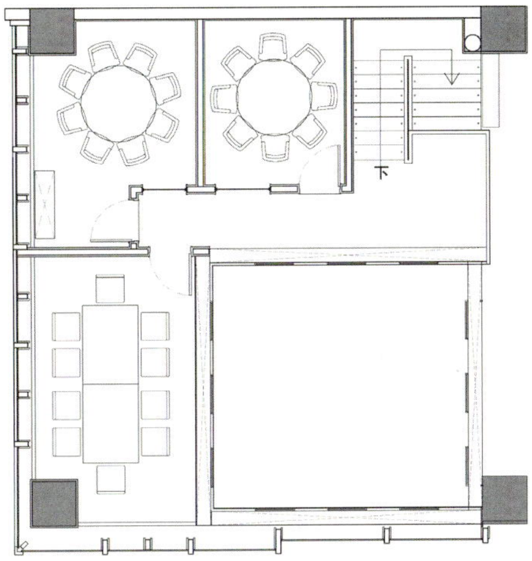

三层平面图

POT

Majia Fish Restaurant

马家斑鱼庄

设计

深圳市华空间设计顾问有限公司

地点
广东东莞

面积
448m²

摄影
陈兵摄影工作室

设计师的理念来自于马家斑鱼餐饮品牌的发源地——桂林阳朔，同时结合了餐厅所倡导的养生理念。步入店内，天花板上裸露的钢架、水泥漆和铁架还原了建筑的粗犷之美，墙面采用渔家风情的装饰手法，软装则通过民族特色元素来渲染柔和的美感。

餐厅内部使用铁架来分隔空间，营造出空间的通透感，也赋予了空间极大的灵活性，保障就餐空间私密性的同时也利于建立各空间视觉上的联系。家具和软装的色彩搭配参考了少数民族的服饰，提升空间视觉上的愉悦性与趣味性。

为了让到店的顾客都能体验到别有一番情调的渔家灯火文化，设计师挑选了相应的饰品和摆件，在墙面上描绘出渔人携鱼鹰捕鱼的画面，渲染着“雨蓑斗笠伴渔翁”的意境。

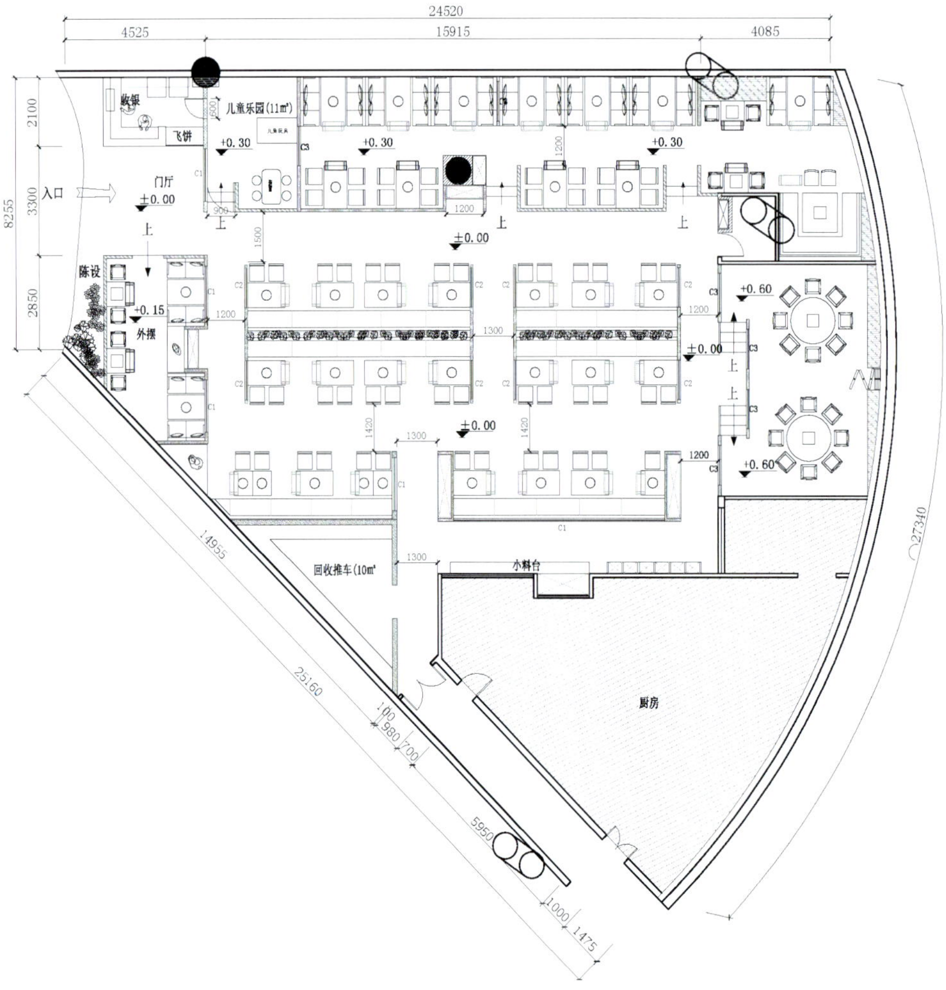
24520
4525
15915
4085
8255
2100
3300
2850
收银
飞饼
儿童乐园(11㎡)
入口
门厅
±0.00
+0.30
陈设
+0.15
外摆
+0.60
14955
25160
5950
27340
回收推车(10㎡)
小料台
厨房

平面图

Qianyuan Restaurant

乾园风尚餐厅

设计

深圳市华空间设计顾问有限公司

地点 面积

天津 1200m²

设计师将江南水乡的诗情画意、园林艺术等特色，自然、完美地融汇于一。为了自然地展现江南的柔情、细腻与书卷气，设计师在用材方面以大理石、实木和白砖为主材料，巧妙运用江南园林镂空门窗、水墨荷花壁画、特色挂灯、写意国画、中式屏风等中式装饰元素，结合极具现代感的皮革，顺理成章地营造出一种既时尚又简洁的用餐氛围。在空间运用上，设计师巧妙地将餐厅分割成不同的用餐区域，各具意境。

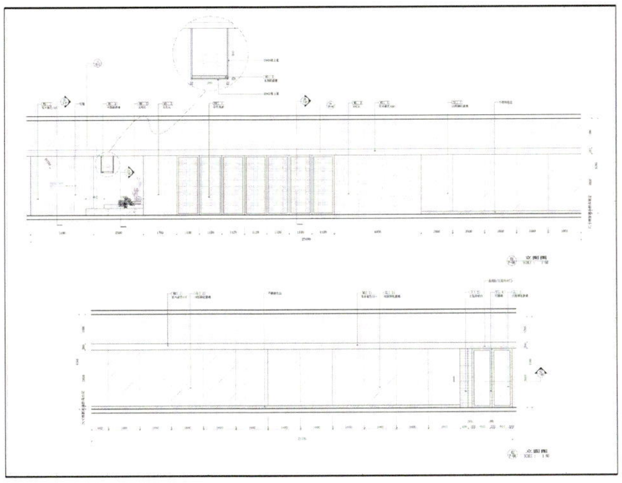

立面图

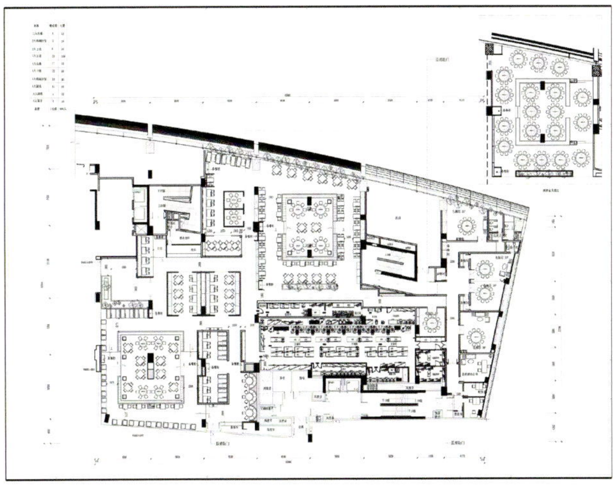

平面图

Yunhaiyao Restaurant

云海肴

设计

山隐悦界（北京）空间设计有限公司

郭明 叶格

地点	面积
北京	$400m^2$

餐厅以“云山之南”为设计蓝本，将大理独有的庭院式建筑特征与现代设计方式糅合，再转述为空间语言，似乎在传达民族的声音。大理民间建筑所谓的“三坊一照壁，四合五天井”其实是中原住屋文化与云南地方本土住屋文化结合的产物。进入餐厅，人们宛如置身高寒山区白族人民的“竹篱笆房”。房间内许多门扇是由花、鸟、虫、鱼、人物以及浮雕图案所组成，玲珑剔透、精巧别致。竹竿、隔扇仅以榫卯相接，却十分坚固牢实。圆木杆采用重复的手法搭建，形成一个悠长的空间，长条餐桌就摆放其中。纸灯燃亮后，营造出边围绕篝火享受美食，边观看人们载歌载舞的美好景象。

设计师还以地图的形式将茶马古道绘制在红泥墙面上。红泥天然的肌理仿佛岁月的痕迹，记录着那段经历了数千年的漫长历史。茶马古道路线图在这里变成了最好的装饰元素。散发着沧桑感的红瓦片、被誉为活化石的象形文字以及朴素无华的蜡染布，它们彼此融合为一体。

Faraway Mountains Hot Pot Restaurant

远山炭火火锅

设计

SXDesign 私享设计工社

胡俊峰

地点

四川成都

面积

1022m²

成都火锅店数量众多，餐厅的定位与设计对运营意义重大。远山炭火火锅推崇生态与健康理念，特别选取来自西昌的食材。室内设计的调性则定义为新中式院落，营建出写意的空间景观。

设计采用青黑石板的地面，连贯有序的窗洞门廊，加上灰白砖墙、竹林小景、风古旧木、流苏吊灯以及堂中的一棵大树，将火锅店变成一处可游可观、蕴藉丰富的雅苑。在选材上不避粗朴，精心布置了厚重的鹅卵石、粗质的瓦砾和古朴的瓦当以及旧门板等，用它们搭配精致的食物，构成了动人的画面。

WC

贵重物品请妥善保管

平面图

Faraway
ountains

Hi-sushi Restaurant

海寿司

设计

开物设计

杨竣淞 罗尤呈

地点

中国台湾台北

面积

265m^2

设计突破纯粹的日式风格，单纯利用材质的纹理，透过光、影传递内敛的情绪。海寿司台北内湖旗舰店的设计通过挑高 5.3 米的尺度张力，结合四幅大型日式意象浓郁的壁画与天花板的镜面材质，营造出日式恬静的质感与韵味。

除了明确的图像之外，设计通过颜色的运用和灯光的烘托来突出时尚调性。不失活泼的动线安排带出自有的秩序主张。现代与时尚、黑色与白色、繁复与简洁等元素相互碰撞，颇具前卫色彩。

为餐厅特别定制的家具和灯具合乎尺度，借由材质、色彩的融合流露出日式的禅意与悠然。

禅

置身于禅意空间，于是心性彻见。采用简素而又玄妙的空间语言形式，追求纯净、淡然的空间美感。以“少”象征多，以“简”表达丰富，通过留白的手法，给静思和顿悟提供分寸正好的空间情境。

禅在处处。宅是一枝花、一盏茶、一扇门，是石灯笼上的昏黄暮光。它也是色调静谧的墙壁与屏风，是自如吹送的风，是蜜蜂翅膀的震动，是夜半的虫鸣。

因此，一处禅意空间的要义在于“清、定、明”。以清净、澄明、意蕴深长的空间布局弱化人与空间的冲突，令人以轻松的心态感悟其中的悠远意境。

Suzhou Quantum Restaurant

苏州量子 • 馋源餐厅

设计

FCD 浮尘设计

万浮尘 唐海航 何亚运 朱振男 吴磊

地点	面积	摄影
江苏苏州	600m²	潘宇峰

量子 • 馋源餐厅位于苏州斜塘老街的东侧，建筑面积约900 平方米，其中厨房面积约 300 平方米。量子是苏州本地专门研究苏州当地特色饮食文化的餐饮企业。

设计师根据量子 • 馋源品牌的推广理念，以“吃 • 生活”为主题，结合苏州特有的历史文化和地域特色，通过空间的总体创意设计，将其品牌文化进行了进一步的延伸。

本项目以“莲”作为主要的设计元素，设计师将个人对“莲”的形与意的理解，融入空间的设计理念中，做到充分的延伸和提炼，并主要体现在灯具及家具上。整个空间随处可见原创莲花瓣座椅、莲花吊灯及装饰品。

整个空间以深色调为主，在空间中植入钢丝编织成的银白色反光“渔网”，营造出了苏州鱼米之乡的特色。空间中利用层高的优势，做了局部的错层结构。错层上面摆放着莲花餐椅，下部有银白色的钢丝编织的钢丝网，通过灯光的照射，给客人呈现出一幅在渔网上坐着莲花用餐的景象。其与墙面大面积的水泥面结合，营造出了质朴的空间氛围，同时又体现出了禅意的空间意境。通过突出文化主题，强调品牌意识，弘扬苏州的“吃 • 生活”与餐饮文化的设计手段，设计将量子的品牌进一步提升，使设计作品得到进一步升华。

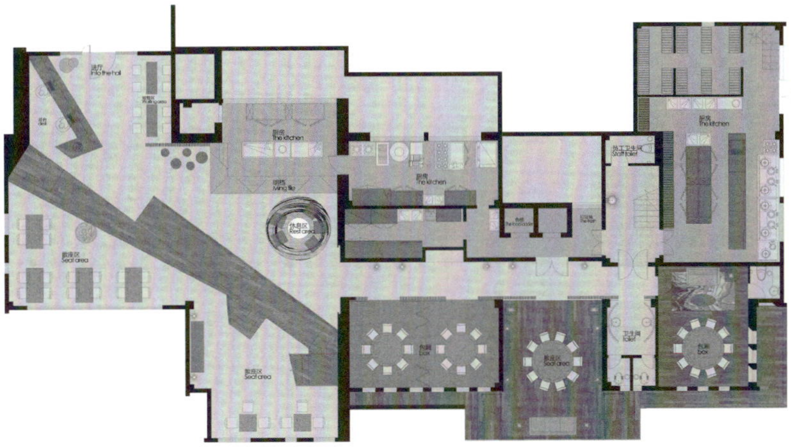

一层平面图

散座区
Seat area
厨房
The kitchen
The food ladder
厨房
The kitchen
卫生间
toilet
散座区
Seat area
散座区
Seat area
露台
terrace

二层平面图

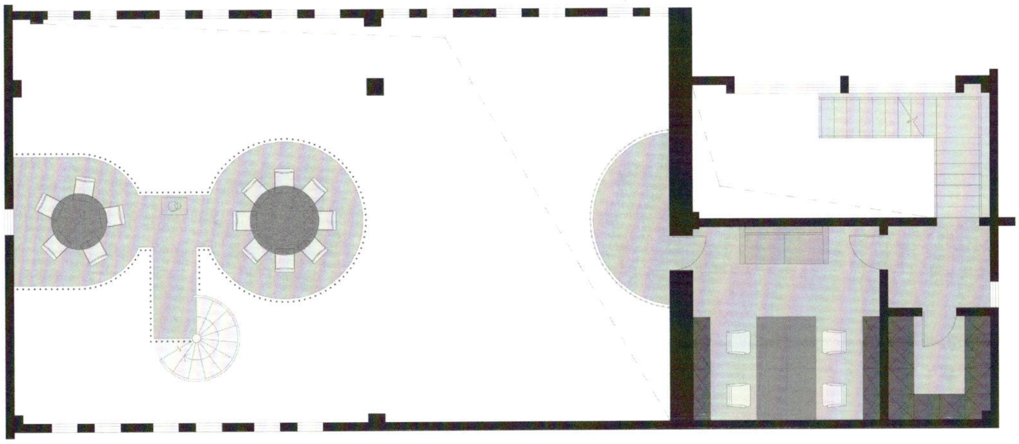

三层平面图

Yufeng Delicious Food

煜丰美食

设计

蓝色设计

乔飞 张振刚

王志贤 谢迎东 管商虎 杨献营 刘凯

地点 河南郑州

面积 1038m²

中国历史悠久，一些古村落有着自己的历史、文化及审美爱好，有着各自的生活方式和居住模式。

上百年来，爱情、友情、亲情、乡情不断上演，感人至深。各种活动和格局影响着现代人，形成灿烂的民居文化。

目光仿佛脱离了时代，似乎又轮回到那个曾经的村落。几代人的梦想汇聚一堂，各种情愫交织融合形成灿烂的生活。

翻开记忆的碎片试图去修复那村口的牌楼、集市的喧闹、巷子的回声，还有那流连忘返的戏院、学堂、左邻右舍的闲聚……一切的一切都是那么的真实，我们无力改变历史，但可以改变自己。

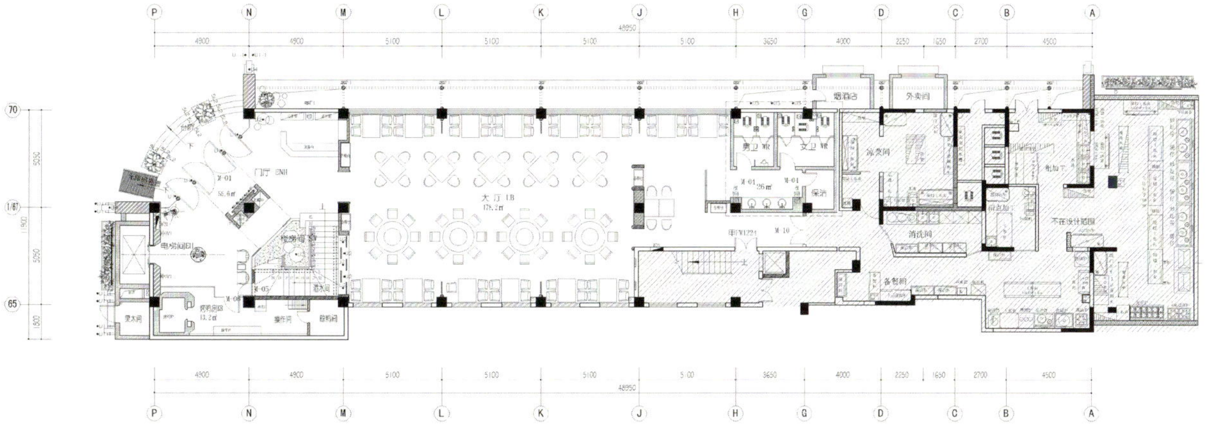

一层平面图

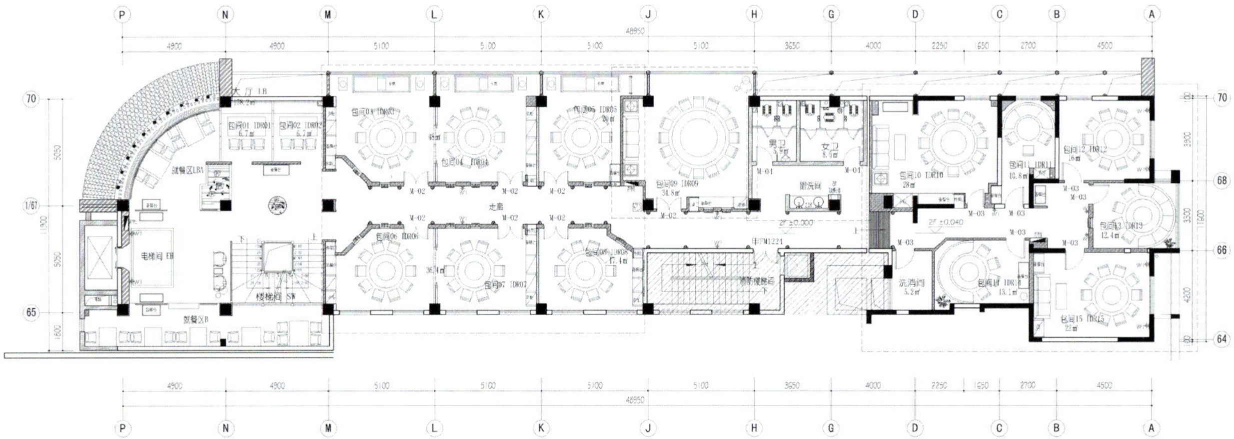

二层平面图

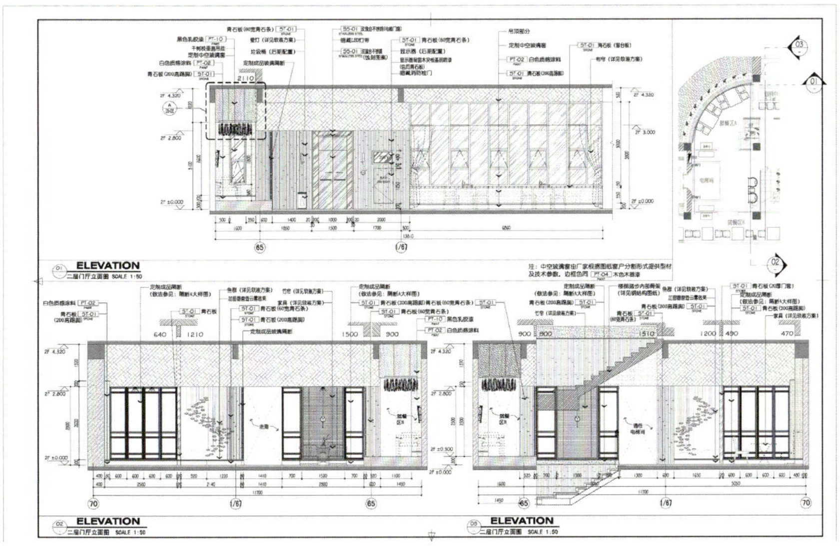

二层立面图

Tanggongguan Tea House

汤公馆茶楼

设计

沈阳大展装饰设计顾问有限公司
孙志刚

地点
辽宁沈阳

面积
$1800m^2$

茶楼位于辽宁沈阳市和平区，原建筑始建于 1931 年，是当时东北军高级将领汤玉麟的一处私宅，汤公馆也因此得名。2004 年，汤公馆被沈阳市政府认定为首批 70 个地上不可移动文物之一。2007 年 7 月，经过加固、重修，曾经的汤公馆成了“汤公馆食府”。2015 年 3 月，“汤公馆食府”再次改造成为“汤公馆茶楼”。

“汤公馆茶楼”的设计风格为新中式，采用现代简约的设计风格，运用光与影、空间转换、色彩对比等方法，同时结合茶道、香道、花道去表现禅意。茶楼整体感觉温文尔雅，低调而不失大气，令人倍感放松和愉悦。对于设计师来说，设计的整个过程是内向性的，既是象征性的，也是物质层面上的。

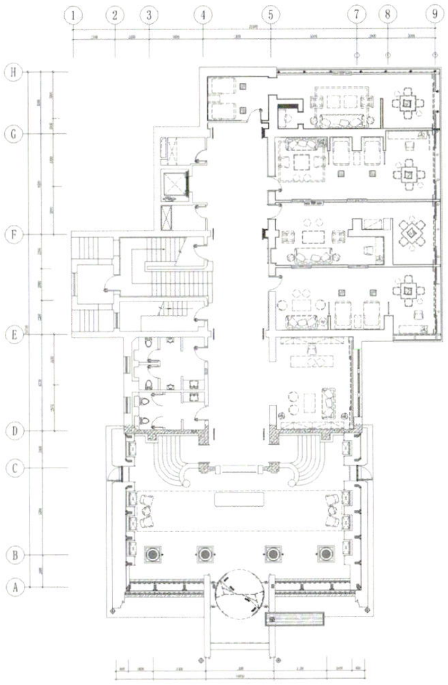

一层平面图

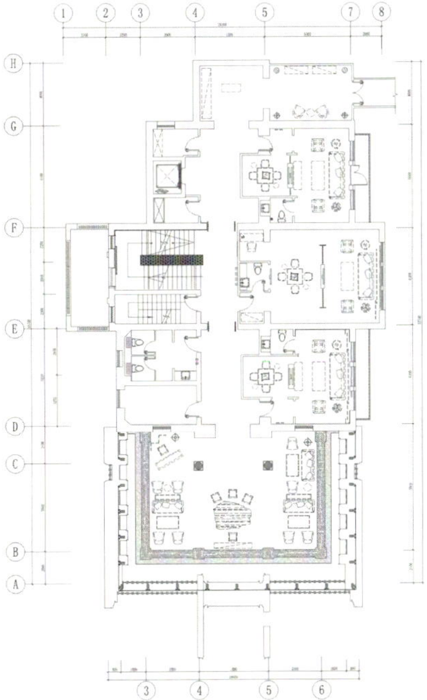

二层平面图

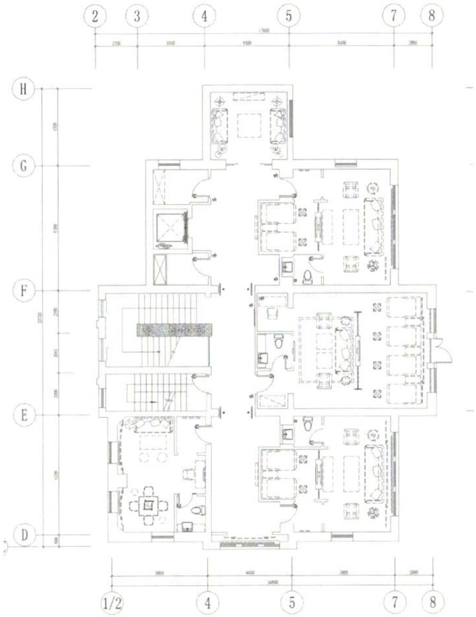

三层平面图

Akiba Japanese Restaurant

秋叶日本料理

设计

李益中空间设计
李益中 陈松 熊灿 肖瑶 欧雪婷

地点	面积	摄影
重庆	330 m^2	井旭峰

这是一个日式餐厅的设计。设计师在设计中将日式餐厅常用的和式符号语言（比如，榻榻米、障子门、和纸等）进行更加简洁现代的处理，更多地在气质上做文章。日本的谷崎润一郎写过一本随笔叫《阴翳礼赞》。阴翳之美来自于从室外到室内无数层次的光之灰度变化，神秘、不确定、朦胧、充满了诗意和禅机。阴翳之美就是一种气质之美，也是设计师在这里尝试表现的感觉。

餐厅是一栋独立的小楼，与建筑和环境有很多的联系，因此在设计时除了考虑进入的方式和与环境的互动之外，还充分考虑了室内外材质的对话，尽量采用自然肌理的材质（比如，竹木地板、实木、青砖等），并用了为数不少的钢板，力图体现一种自然拙朴的精致。其中一个小玻璃房置于两棵大树之间，为竹林所环绕。设计师特别做了日照分析，充分利用周围建筑的遮挡及树冠的庇荫，实现无窗帘遮阳，让建筑形体更加简洁纯粹，能够完全融入自然之中，完成设计想要的诗意表达。

秋叶
りょうり
あきば

秋叶
りょうり
あきば
久保田
純米大吟醸
男山
菊正宗

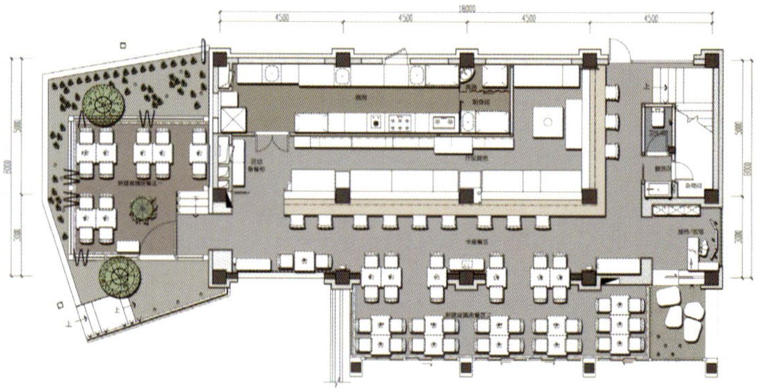

一层平面图

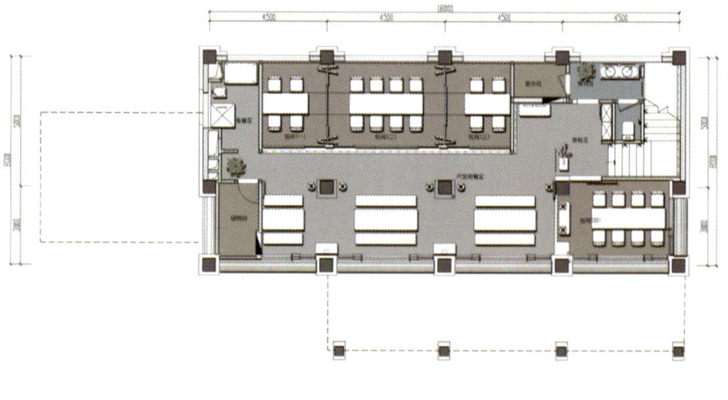

二层平面图

陈设设计的灵感来源于陈设总监旅行时拍摄的一张图片。此图片表现的是几款日本的服饰，其中蕴含了许多中国的元素，比如，苗族服饰中的银饰与贯头衣以及红、黑、白、黄的色彩，都转化成为本案的陈设要素。

阴翳之美的创造，重在空间的营造及气质的塑造，而不在于形式的繁复雕琢和符号的堆砌。设计师尽量让形式简洁，甚至去符号化，只在二楼包厢保留了可移动的障子门。通过对空间的整理与重置，创造丰富多样的空间体验，吧台区、两个不同比例的玻璃房、二楼榻榻米开放区及包厢；而通过对光的管理和控制，创造光与影的变化层次，创造迷离的阴翳之美。

这种阴翳的气质之美的表现，符合设计团队一直坚持的“简洁、丰富、有味道”的设计主张。形式的简洁，光的明暗变化，空间的多变张力以及诗意的表达，为这个餐厅的室内设计带来高贵迷人的气质之美。

Taiyufeng Restaurant

泰钰丰餐厅

设计

古鲁奇公司

利旭恒 季雯 赵爽

地点 北京

面积 750m²

“泰钰丰”是一家位于天津开发区的北京烤鸭店。烤鸭一直是北京最著名的美食之一，设计团队希望将老北京文化引入空间设计，并赋予它充沛的时尚感。有别于使用水墨画、书法等元素来设定中式空间艺术主题的思维，设计师在本案中选择了“青花笔筒”作为核心语汇，并运用现代的手法加以演绎。

进入二楼用餐区，两根柱子矗立在中间，大量的小型笔筒以柱子为中心，围合成巨大的笔筒造型。夸张的视觉效果成为整个空间的亮点。四面布置以现代风格的中式百宝格作为背景，且特意将百宝格留空，给人们留下更多的想象空间。

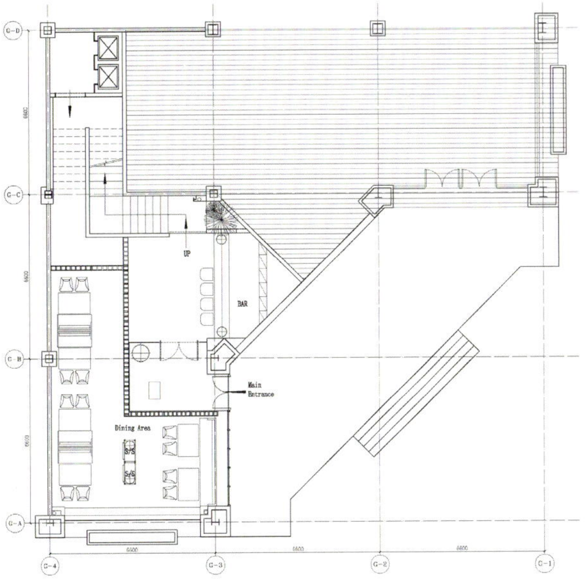

一层平面图

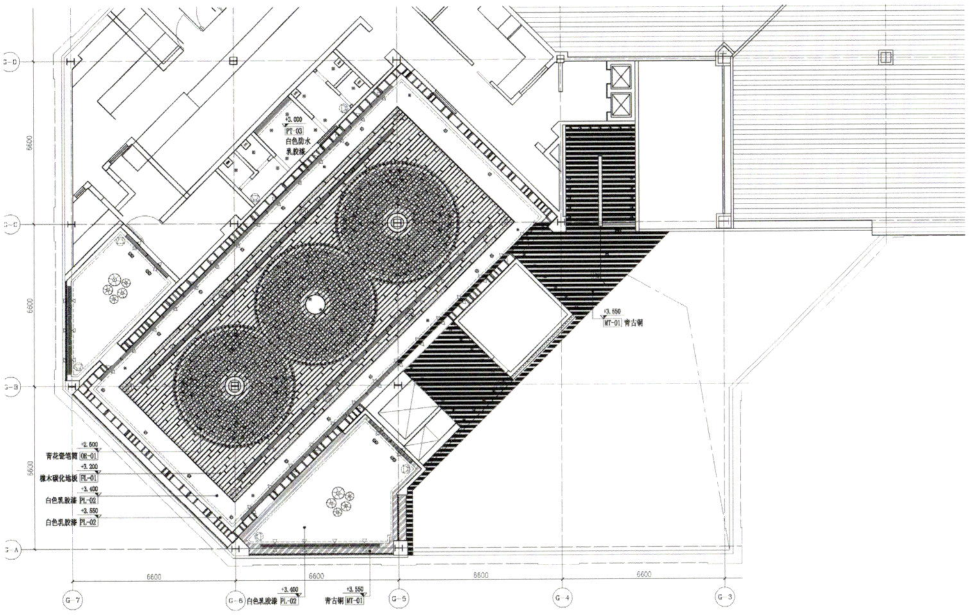

二层平面图

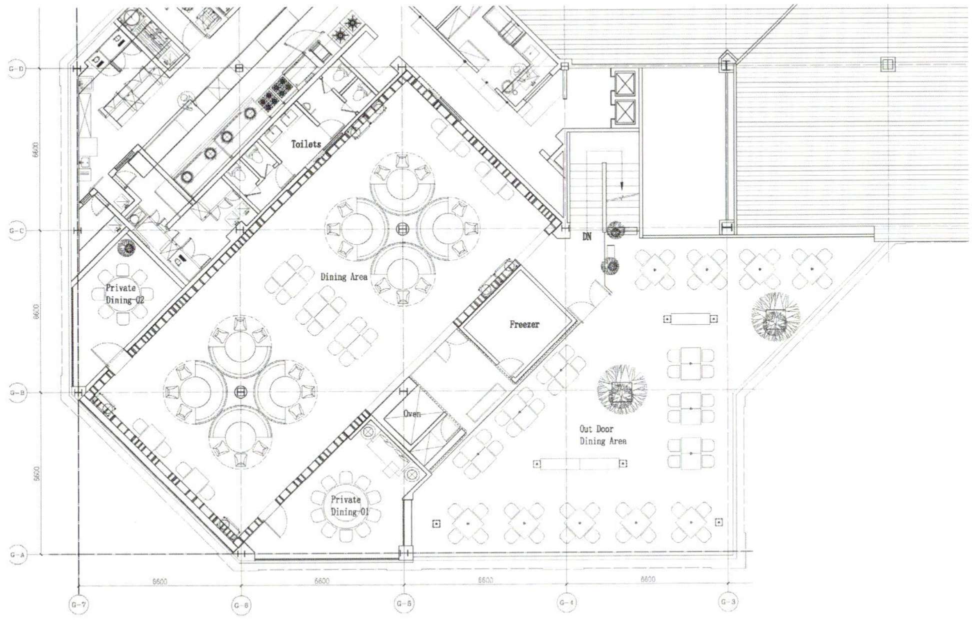

三层平面图

Baoxuan Yufu Restaurant

宝轩渔府

设计

哈尔滨唯美源装饰设计有限公司
李天鹰 王国杨 刘亮

地点 天津

面积 736m²

估衣街是老天津繁华的缩影，在天津历史文化和市民心中有着独特的地位。坐落在估衣街上的宝轩渔府既保留了中式传统风韵的雅致与古朴，也彰显了现代生活的舒适与时尚。

设计师采用中式设计元素，让人一踏入餐厅便能感受到历史的沉淀与延续，局部采取“新料旧作”的做法，展示了中国传统艺术永恒的美感。砖墙的设计看似纹理粗糙，却营造出一种原生态的生活意境。中式风格的餐桌配以精巧的布置及古典画作，营造出浓厚的古雅情趣与气韵。地道的天津饮食文化与建筑、室内空间相融合，耐人寻味。

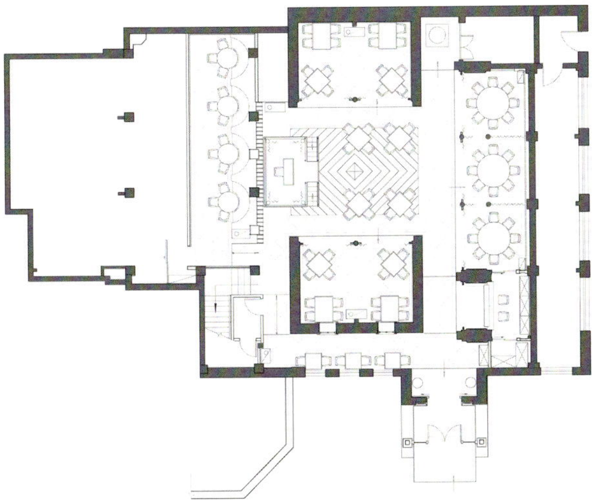

一层平面图

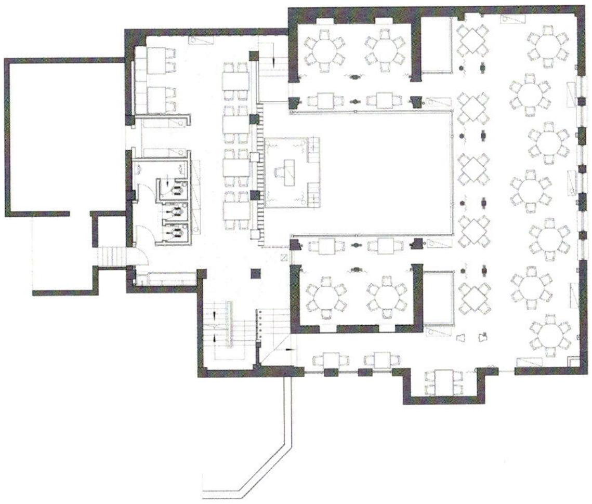

二层平面图

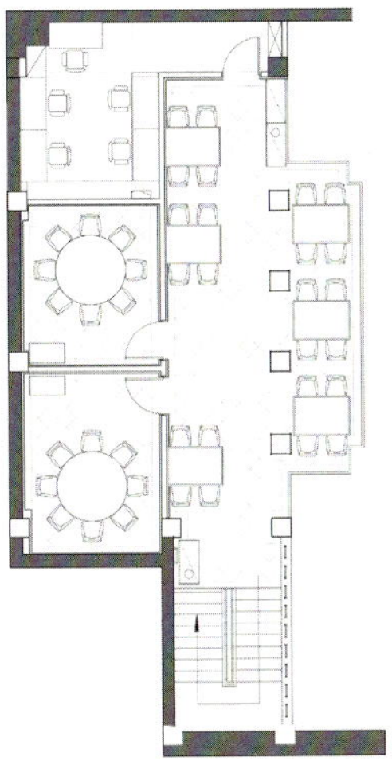

三层平面图

Too Two Fish Restaurant

太二酸菜鱼

设计

珍意美堂设计

黄珍珍

地点

海南海口

面积

399m²

如果给你一扇穿越之门，你想要去哪里？是去感受清宫剧里高墙内的深宫寂静，风花雪月？还是回到文艺复兴时期看看午夜巴黎，抑或如电影《夏洛特烦恼》中的男主角回到校园时期重温旧梦？先来介绍一下穿越的起点空间：三国时期的川蜀，三顾茅庐的典故是贯穿整个空间的线索。

餐厅主入口有一段书房场景展示，还未入内，已然能够感受到浓厚的中式气息：书架、条案、毛笔和竹简等摆件都还原了一个古代日常生活场景。入口处成排对称的做旧木制立柱凸显庄严，地面凹凸的石板尽头是发着绿光的神秘穿越隧道。

入口右手边的是“一顾茅庐”。一顾茅庐场景相对简陋，土墙搭配粗糙的船木地面，讲述的是早期诸葛先生隐居深山的生活，墙上的蓑衣和成排的书架无不让人想起先生的四字箴言：淡泊明志。

左手边门内入“二顾茅庐”，讲述的是诸葛先生作为军师时期的日常场景：墙上贴着古城墙的青砖，成排的帷幔，榻椅映射出先生广于结交，府邸门庭若市的热闹景象，房间尽头的墙面上挂着诸葛先生的羽扇，搭配桌底的战车车轮底座，仿佛看到先生轻摇羽扇，遥指千军，铁马踏冰河的场景。

从“三顾茅庐”进入穿越隧道，沿途满眼尽是翠竹，令人联想到卧虎藏龙里竹林决战的场景。

隧道尽头是穿越的终点站：现代时期，现代时期以管道和铁丝网等工业元素为主，椅子和灯具也均为铁质，地上的黑白马赛克增加了时尚感，而亮银色则提升了科技感，黑板上的机械解剖示意图体现现代人专业细致的科研精神。

店里的主打菜系是酸菜鱼，店主特意在明档处设立了自选鱼缸，平日里看鱼儿游来游去，遇上有眼缘的就可以送后厨烹饪装盘了。

I like...
TAIER

穿越中...
66
TAIER

Too
Two
穿越中...

Yile Sea Food Market Restaurant

鮨乐海鲜市场

设计

周易设计工作室

周易 陈威辰 朱翊嘉 蔡承哲 黄毓翎
辛佳臻 陈昱玮 陈郁希 吴虹怡 粘铭伦
曾玲珺 杨咏絮

地点
中国台湾台中

面积
2398m²

摄影
吕国企（和风摄影）

设计大量采用木与石为材料，营造出令人放松的自然气息。户外横向水平的长石阶，以宽大的尺度及仿佛经过海水长期冲刷和打磨的质感诠释“海洋”的概念。台阶上方布置以形态润泽、色调柔和的灯具，搭配以墙面上大块的粗粝石材饰面，兼具自然的宏大与人工环境的安全静谧。

整体空间色彩低调，室内较深的木色、不同石材的原色、灯具及部分用品的黑色、深褐色以及清水混凝土般的色泽彼此之间十分和谐。一楼的局部与周边城市环境的关系较为紧密，因此以木料围合出一处与一楼等高的户外禅意空间，或从枯山水的意象汲取灵感，或以枯枝入景，不一而足。就餐区的卡座部分排列严整，前方装饰以烟雾水景，以渲染其中的静谧感。楼梯的隔断对尺度加以控制，自然呈现空间整体的通透性。通过墙面色彩、材料、组合拼接方式的差异来保证视觉效果的丰富性，让人们流连于美食间时，也可以充分地体验室内空间的多样性与内在的活力，而不感到单调与乏味。

二楼就餐区利用连续的玻璃窗，引入户外的园艺景观，并布置以中式圆桌。从一楼的双人座、四人座，到楼上的圆桌区域，为食客提供多样性的就餐和相聚空间。

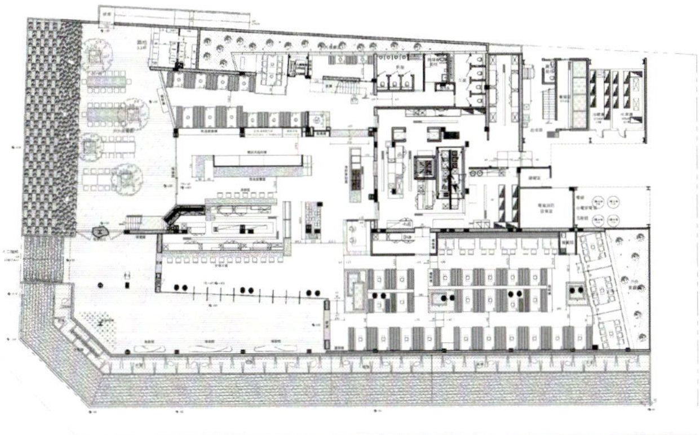

一层平面图

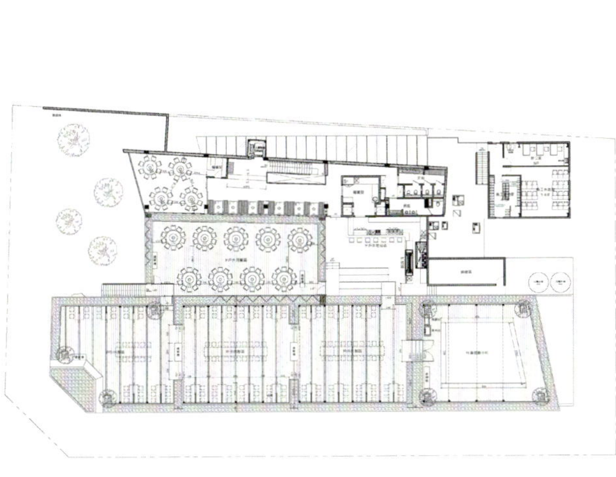

二层平面图

封闭的餐饮区，其核心是“静月台”水景，10组散座隔间则对称地环绕在水景四周。水景的光影变化以及上方悬吊装置的“麦浪墙”，与隔间的井然有序在形态上产生鲜明对比，让整个空间增加了些许趣味。远离“静月台”的其他空间尽端布置了若干大小不一的独立包厢。部分包厢借鉴了韩式餐饮“围炉烧烤”的概念。包厢采用了不同的平面布局形态，结合各自的主题氛围，丰富空间的多样性来满足不同的场景需求。内部有序的交通流线不仅仅起到联系空间的作用，还结合各区域的高低变化，通过平缓的坡道和踏步完成对空间的限定，同时也兼顾服务车的通行需要。因为韩式烧烤通风的要求，室内采用正负零到30厘米45厘米和60厘米几种不同的高度，在架空层暗置排烟系统得以实现功能与视觉需求的统一。沿坡道、台阶逐级而上，或行或立之间让人体验到视野的高低起伏，上下变换，为空间平添了几分生动。

游走于餐厅各处，可以感受到从室内顶面的钢板到立面的隔断，再到地面的水洗石铺装，材质更多地呈现出本身质朴自然的状态。木格栅、固定家具等细节的处理上，均采用了抽象麦穗衍生出的交错形式，与主体“麦浪墙”相得益彰。照明设计方面，餐厅更多采用点光源，从空间的高低的变化出发，在满足餐饮功能需要之外营造出幽暗的都市氛围。夜幕降临时，室内恰如其分的光影交替与室外露台遥相呼应，兼具了户外烧烤功能的韩式花园也成为餐厅的一种自然延伸。

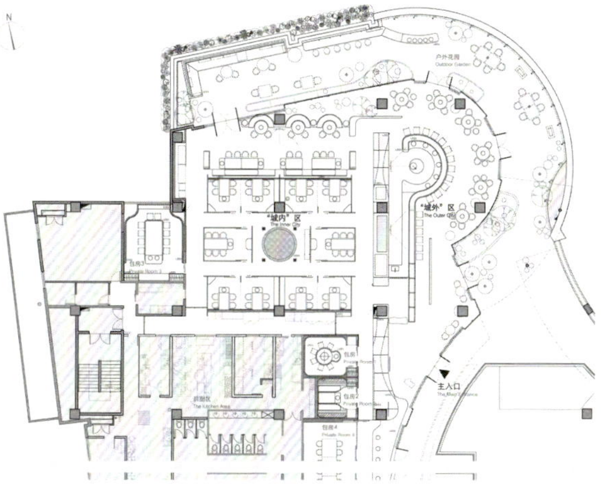
N
户外花园
Outdoor Garden
"城内"区
The Inner City
"城外"区
包房3
包房
包房2
包房4
主入口
厨房区
The Kitchen Area

平面图

对于设计而言，空间形态的规整与自由、室内氛围的幽暗或明亮，更多的是平衡餐厅私密性与开放性的本质需求。区域分隔和联系的交替、高低的错落变化则完成空间内与外的转换，实现了都市与自然的有机融合，让餐饮空间的独特魅力得到了充分地表达。

你炽热的情感 烤灼心田
我要一种无名的冲动
我要万马奔腾晴空无边的力量
我要化为狂风与巨浪
我要摧毁缠绵梦网
普丽娜
我要来到你身边……

Fuhehui Vegetarian Restaurant

福和慧健康素食餐厅

设计

吕永中设计事务所
吕永中

地点	面积	摄影	主要材料
上海	750m²	吴永长	黑色大理石、黑色地砖、涂料、织物、胡桃木饰面、UV 印刷夹膜玻璃

项目位于上海愚园路风貌保护区，周边都是尺度相对较小的住宅街区。餐厅处于一座办公楼的裙房，建筑与道路之间有一个小院子相连，两侧也是一些定位较为高端的餐厅。受到场地条件和内部结构的制约，餐厅设计需要解决两个方面的问题：一是如何合理利用好面积不算太大的空间，二是如何用现代设计的语言来表达高端素食的主题，营造恰如其分的餐饮空间感受。

从街道上看，餐厅的外立面通过精心控制的窗洞、背后的灯光配以外凸的隔板，在一小片竹林的掩映之下若隐若现。对室内而言，这些位置和尺寸都经过设计的窗户也成了向外观赏竹林院落和梧桐街区的取景框。穿过院子可以看见主入口背后的人行通廊，作为室外通往餐厅的过渡空间，它依次连接了疏散楼梯、前台、客用电梯和端头一层餐饮区的大门。幽静的通廊传达出静逸深远的第一印象，而它与东侧餐饮区之间的少许半透隔断，为客人在步行的过程中创造出引人入胜的空间感受。在整体空间布局上，通廊将餐厅清晰地划分为服务空间（东侧的餐饮区域）。和公共空间（西侧的走道、垂直交通空间、卫生间等）。这两个主体部分通过穿插、交叠而衍生出大小各异的厅廊，使餐厅布局上更为合理的同时丰富了空间的尺度感和多样性。

如果说平面展示了空间在功能组织上的逻辑性，那么剖面则传递出更多空间设计的情感体验。透过纵向的观察，不难发现除了电梯和疏散楼梯等垂直空间外，餐厅的南北中心区域设置了一道与通廊交错贯穿的天井，配以变化丰富的木格栅作为背景，天井从视觉上将一、二、三层联系成一个整体。室内每层的顶面和立面以白色为基调，采用适当的镂空图案让空间界面在宁静和丰富之间达到一种平衡。日光自上而下，明暗变化的气韵在各层空间中轻轻萦绕，塑造出一种柔和的韵律感，也给人更多的想象空间。

曾有哲人说过，空间是可以驻留休憩的，它因限定而生，限定的不是空间的边界而是万物生长、情感交融的场所。素餐厅的空间承载了更多的书院气息，

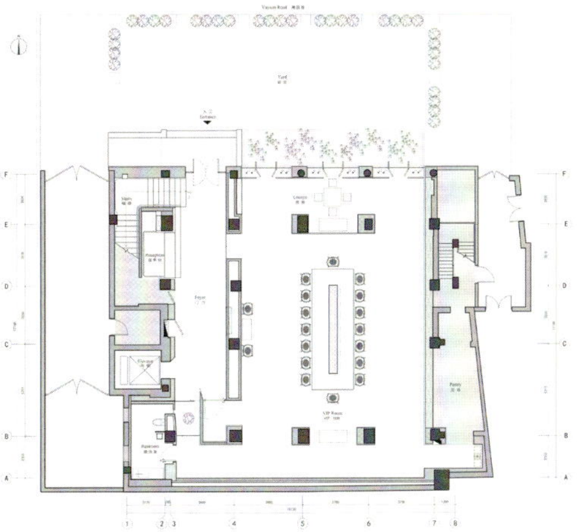

一层平面图

是静心养性、吐故纳新的休憩地方，在这里品用素食更像是人们在现代都市生活中身心处于繁重束缚之下一种释然的自然状态，一种回归本真的轻盈和闲适。餐厅的一层餐饮区是相对高大而开阔的空间，布置有可供十多人同时使用的大型开放式餐桌，如同一个端庄正气的厅堂。二层散座餐饮区内采用了实木的隔断和栅板，使空间在自由而开放的同时营造出更多的书香气韵。三层以原有柱网为轴线，靠窗的两侧采用独立的小包间的形式，并通过一个回廊进行串联。利用轻纱般质感的半透玻璃隔断与实木柜体隔墙、推门之间的对比，让每个小空间都呈现出明暗交叠、若即若离的悠远和空灵。

轻松安静的休憩不仅仅为了平衡城市生活的繁重和浮躁，更是整个生活的真实存在的一部分。基于这样的设计理念，素食餐厅没有明显的标识、没有清规戒律般的局限，“素”的状态是更多的包容，是对“多”与“繁”的理性制约和收敛。这一点尤其体现在空间灯光的处理上，通过严格控制人工照明的方式和数量，在有限的部位恰到好处地设置点光源，让人工光和自然光在不同的时段相互交融，创造出静谧和轻盈感，也维持了室内白色顶面的完整性。与之形成对比的是地面的处理方式：看似如同青砖交错的地面实际采用了现代同质砖，经过切片后纵列码砌的方法，兼顾了地面耐磨防滑的功能要求和传统青砖地面的真实质感。这一系列处理手法和工艺细节体现出来的是一种追求极致的设计态度。餐厅空间无论是整体意境的营造还是节点方式取舍上都表达了设计师对素食的独到理解：“素”体现在缜密的梳理、细致的取舍和悉心的演绎。“素”空间更多了对人的感受和内心的尊重以及对人与人之间交流的关注。

客人行至于此，三五知己畅叙友情，灯光朦胧品尝美食，涉园寻趣怡然自得。体验青黛地面的厚重、白素墙壁的空灵、实木格栅的温暖以及半透隔断的轻盈，在对比和融合中相映成趣，唤起了几分被遗忘的书院氛围和自然禅宗气息。

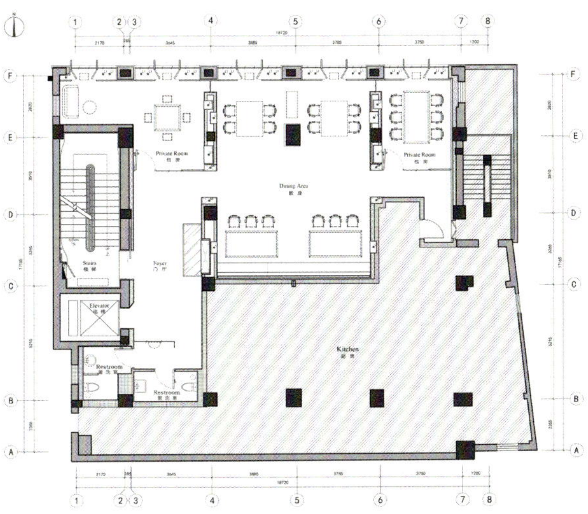
Private Room
Private Room
Dining Area
Stairs
Foyer
门厅
Elevator
Kitchen
Restroom
Restroom

二层平面图

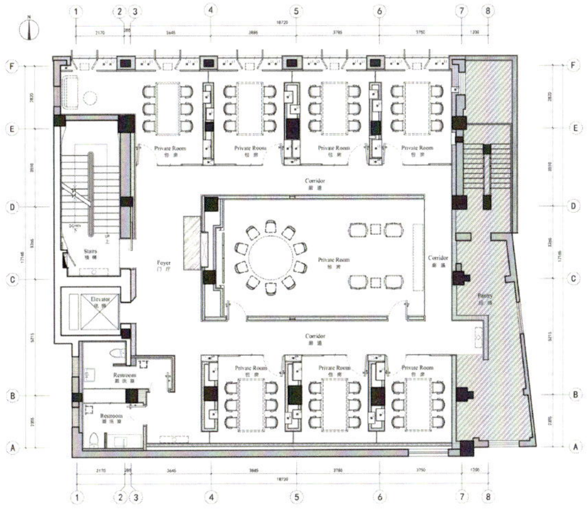
Private Room
包房
Corridor
Stairs
Foyer
门厅
Elevator
Private Room
包房
Corridor
Pantry
Restroom
Restroom

三层平面图

潮

不是随波逐流，更不是元素的拼贴和搬运。而是真我个性的艺术展现，是“我就是潮流”的自信与张扬，是不折不扣的“潮范儿”。

每一个很“潮”的餐饮空间，都是某种生活态度的明确主张或某种美学风尚的精准表现。潮，就是自我的无限可能。由内容与主题作为内在的驱动，从一个点实现爆发，火力全开：滑板、篮球、舞蹈、音乐、汽车、新的装饰主义……结合对空间的大胆想象，对材料搭配与创新的自由发挥，在当代艺术和生活的滋养下，开创出自己独有的空间艺术。

B.ONE Restaurant

彼湾映像餐厅

设计

深圳市新冶组设计顾问有限公司
陈武

地点
广东深圳

面积
350m^2

位于深圳华侨城创意园的 B.ONE 彼湾映像餐厅是深圳首家以影像为主题的时尚餐厅。新古典装饰风与现代工业风的自由混搭、全息立体投影技术的精妙运用都带来了面貌一新的消费体验。

餐厅集餐饮、酒吧及咖啡吧等多种业态为一体，其商业模式由设计师根据项目分析设定。再加上本案属于旧厂房建筑，在改造规范上有重重限制，这些均给室内设计带来难度与挑战。设计师巧妙借助映像投影技术，成功解决了这些问题，并最终令映像成为串联空间与商业的主角。

设计师对餐厅内部空间节制而准确地进行了轮廓及调性处理，让空间三维回归到该有的“画布”角色。看似“少”的动作，其实是为了爆发“多”，画布的存在是为了塑造画家发挥的载体。由知名 DJ 原创制作 Deep House 影像内容以流动与变幻的方式，带来空间气质的无穷变化。在味觉基础上，辅助视觉、听觉、触觉的多重碰撞，带来了强劲的张力。

通过本项目，设计师也力图传达出这样的声音：环保生态不是口号，也不单是严肃的事，它完全可以是亲切的、时尚的、先锋的。秉持这个理念，B.ONE 彼湾映像餐厅与深圳生态潮牌家具 LIFE2 进行深度合作，从多元感官出发，组合布置铁、水泥、木、皮、亚麻等原创的、使用再生材料的家具，让它们与绿植、灯光和音乐融合相长，打造出交织着过去与现在、自然与工业创造性混搭的美学空间。

B1
B1
10

B1

B1

RESTAURANT & LOUNGE

Dongli Hand-crafted Beers Bar

东里手工啤酒坊

设计

LATITUDE

Manuel N. Zornoza

Jorge Cortés de Castro

Manuel Coves Botella Lucía Bravo Guinea

张文

地点 北京

面积 350m²

东里手工啤酒坊意在给客户带来独特的啤酒品尝体验。整个设计考虑到专业传统手工酿造啤酒发酵技术及当代舒适聚会场所的需求。

2015 年东里手工啤酒坊的创始者们就决定在北京开设一家品尝精酿手工啤酒的场所。在业主所提的要求中，就包括给客户呈现出可视的啤酒蒸馏发酵过程。

350 平方米的空间内包含主餐饮区、贵宾房间、厨房及其他服务区域。餐饮区包围着吧台，方便顾客点餐。在一侧的玻璃墙内有八个蓄电发酵蒸馏桶，客户一进入餐厅就会注意到。

由于设计要体现工业元素，而啤酒酿造对材料有相应需求，如传输管道与器皿等。“铜”在整个材料运用中是主要角色，贯穿在吊顶、灯光、把手及其他各个设计要素中。

在照明方面设计，吊顶灯、铜制管道都是金色网包裹的。一方面可以走线，塑出灯的形状及标识；另一方面可以分隔出餐饮区域。所有吊顶灯的设计都是暖色调，灯体垂下，营造出舒适的感觉。

另外，墙体及地面配置的木质家具完善了材料的选择，给整个餐吧带来强大的冲击感。就餐区的地面是三种不同色调，而大部分墙体也是混凝土材质。木质元素被运用到座椅、餐桌及吧台上，营造出舒适的家庭氛围，让客人流连忘返。

500ML
黑啤 ¥45
500ML
招牌IPA ¥45
500ML
淡啤 ¥30
350ML
¥35
480ML
琥珀 ¥40
480ML

发酵
FERMENTA

THE PROCESS

平面图

Garden Western Restaurant

花园西餐厅

设计

OFA 飞形设计咨询

耿治国 Gustaf Kan

地点 上海

面积 室内：180m²

室外：150m²

餐厅毗邻着上海旧法租界，被定义为主人的会客厅和都市的小花园。在这间被花园环绕的餐厅中，美食、美酒、音乐、绘画和摄影在阳光、空气和花香的共同作用中得到沉淀。餐厅中设置各式尺寸的珍奇格，以陈列主人搜集自各地的奇珍异宝：经典的黑胶唱片、藏书、油画、莱卡相机……由珍奇格连缀组成的珍奇柜渲染了“会客厅”的空间情调，以宜人的尺度分享着业主对生活的理解与热爱。

设计师采用木质格栅，使室内外空间环境自然融合，获得了更好的光影效果。安坐在餐厅中，便可以享受闲适放松的自然气息。户外空间的设计融入了设计师对于童话、梦想等美好事物的理解。

红绿色调鲜亮明快、克里姆特风格的油画立柱融合了餐厅内外的花园景象，让顾客尽情享受在花园用餐（dining in the garden）的美好。开放透明厨房的布局又带来了宴于厨房（dining in the kitchen）的乐趣和别致的体验，使花园西餐厅成为一间非常适合欢聚的餐厅。

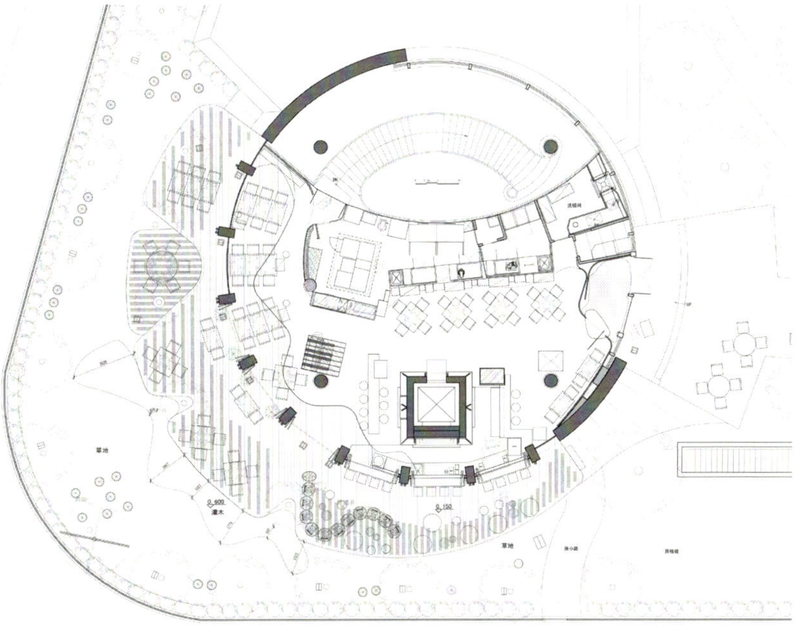

平面图

My Life Restaurant

生活里餐吧

设计

埂上设计事务所

李良超 文志刚 黄元满

地点

湖南益阳

面积

600m²

摄影

黄缅贵

平面图

餐吧的设计理念是让城市新贵感受“后奢侈的慢生活”，风格为自然、怀旧与当代都市精神的融合。长长的走廊拉长了人们从室外到室内的心理过渡。发光的壁灯强化了走廊的序列感，也为食客们创造出探寻的体验感。略显粗犷的装饰手法给人强烈的视觉冲击力，裸露的水泥墙面弥漫着时间的气息，昏黄的灯光与复古的空间基调相得益彰，同时带来更多的亲切感与安全感。裸露的墙砖和钢结构框架贯穿整个空间，古朴的色彩与纹理将记忆里的老场景化为现实，木料所散发出的特殊香味给予空间一种遐想。这种自然的怀旧格调将体验者从都市的冰冷中唤醒。

私人用餐区用多扇玻璃旋转门与外面分割，这种可变的隔断设置，加上咖啡区、主用餐区和音乐区的可穿透式设计，实现了空间纵深方向的拓展。设计摒弃烦琐与奢华，采用实木的做旧长桌与现代新中式的单椅搭配，兼具现代主义的几何造型与功能配备，简洁利落的线条迎合了现代人追求简单生活的要求。自由流动的空间充满序列、节奏和深层次的变化，因而也更容易产生诗意。

设计师力求让注入空间中的每一个元素都衍生出不同的景观。卡座区加入少许古典元素，从材质到色彩都与空间的原始基调形成鲜明对比。沉稳的棕色调，如铁锈一般雕刻着时光。原色的木质家具雕刻着时光的印记。窗外的老街和斑驳的墙面定格了时间。

07

书吧空间没有浮华的装饰，也看不到垒砌得规规矩矩的白墙，使用的是红砖和水泥。透过玻璃借景室外，开阔的视野和自然的光线给人以最直观、最真实的感受。阳光房采用水泥和青砖，表露出其自有的朴拙质地。不同体量、造型和色调的灯饰丰富了空间的层次，局部灯光之间强烈的对比更充满戏剧效果。桌子、光线与时间之间重叠的层次与模糊的边界，创造出一个充满丰富感与深度的空间。

Rachel's Burger

雷切尔汉堡餐厅

设计

如恩设计研究室 （NERI&HU）

郭锡恩 胡如珊

地点 上海

面积 250m²

受到 20 世纪 50 年代美国街边连锁汉堡店的启发，Rachel's 汉堡餐厅采用了通透的设计理念，模糊了餐厅室内外之间的界限。

完全开放式的外墙进一步延伸了餐厅的边界。全部闭合后，光面玻璃、纹理玻璃与镜子的搭配使用不仅能够在视觉上创造更多空间，也为室内带来了更加充足的自然光和全景式的室外视野。

餐厅没有使用实体墙，轻盈的结构通过狭长的平面得到进一步加强。

从视觉的角度看来，屋顶结构似乎悬浮于空间之上，地面和就餐吧台采用统一的几何图案，有如地面动态地上下起伏。长桌和旋转吧台椅可以灵活满足不同就餐人数的需求。

EAT
CRAP

EXIT

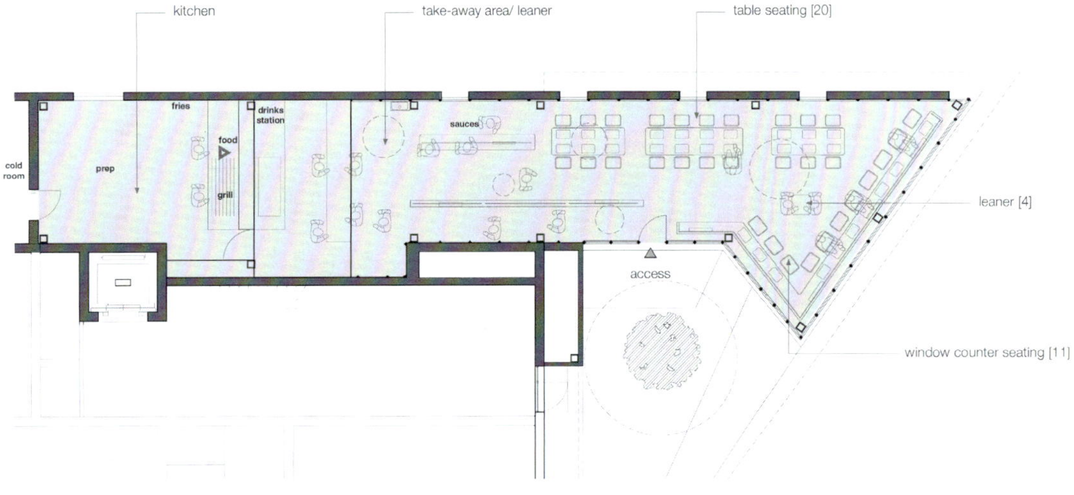
kitchen
take-away area/ leaner
table seating [20]
fries
drinks station
food
grill
prep
cold room
sauces
leaner [4]
access
window counter seating [11]

平面图

BURGER SPOT

Zhaoxiaojie Budengwei Restaurant (at Sun Moon Light Center)

“赵小姐不等位”餐厅（日月光店）

设计

午逸宸建筑设计顾问有限公司
巫俊逸

地点　面积
上海　$400m^2$

餐厅的设计概念是以旅行为主题，以“秘境”为题眼，倡导“感受自然，享受生活”，把对自然的体验融入空间设计中，创造出以畅游自然为主题的梦幻空间。

“秘境”空间带领食客从亚马孙热带雨林出发，顺着这条来自古老文明的河流，感受生命的洗礼；再伴着火车鸣笛声，从广漠的撒哈拉穿梭而过，找寻生命的真谛。烈日下磅礴而不朽的非洲大草原让人在辽阔中静默，人们最终带着朝圣般的虔诚，来到无垠的海边，它是上帝洒向人间的项链，这样的干净纯粹是心中珍藏已久的净土。沿途的这些风景，它们糅合了一种情怀，将大自然缩影在这以旅行为主题的餐厅“秘境”中，引领人们体验这份独特，令人们在享用美食的同时也不禁感悟人生。

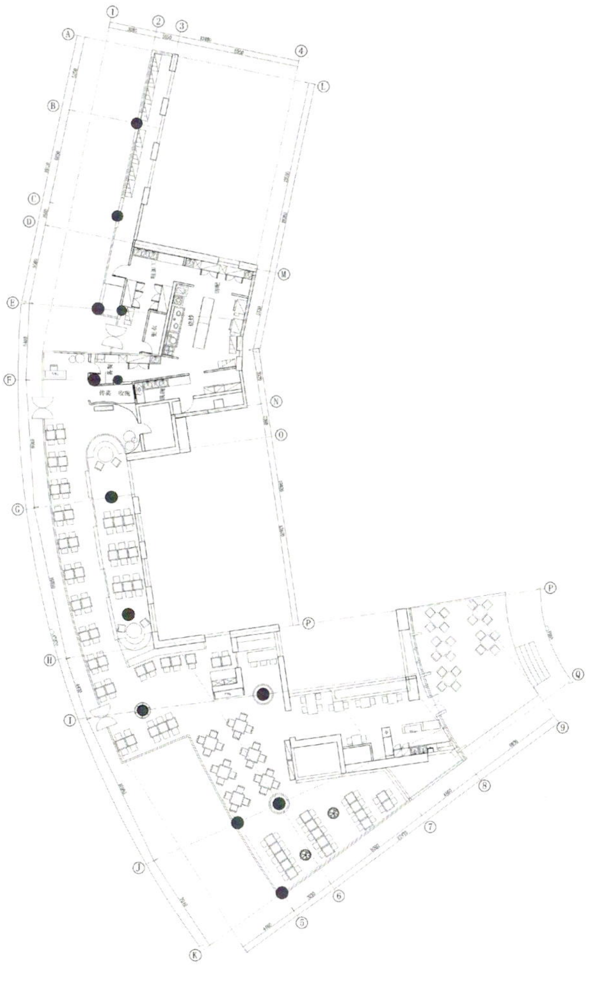

平面图

Zhaoxiaojie Budengwei Restaurant (at Changle Road)

“赵小姐不等位”餐厅(长乐路店)

设计

午逸宸建筑设计顾问有限公司

巫俊逸

地点 上海

面积 $90m^2$

摄影 温蔚汉

餐厅以“梦境”为主题，以轻松幽默的手法表达一个美食爱好者对食物、事物、生活和空间艺术的想象，创造出别开生面的餐厅风景。在一个关于美食的梦境里，身边的一切都变成了食物：洋葱、菜叶、青椒一起构成了和谐的法国乡村美景；黄瓜雕成的小桥架设在流淌着白糖的小河上；南美原始森林中，饼干码头等待着糖块轮船靠岸；喜爱海鲜的吃货们向着到处都是鱼儿的大海进发……

明确的主题为这间并不宽阔的餐厅注入了丰富的元素和活泼、时尚的视觉特性，完全贴合于都市餐厅的气质。

재키
옷짱

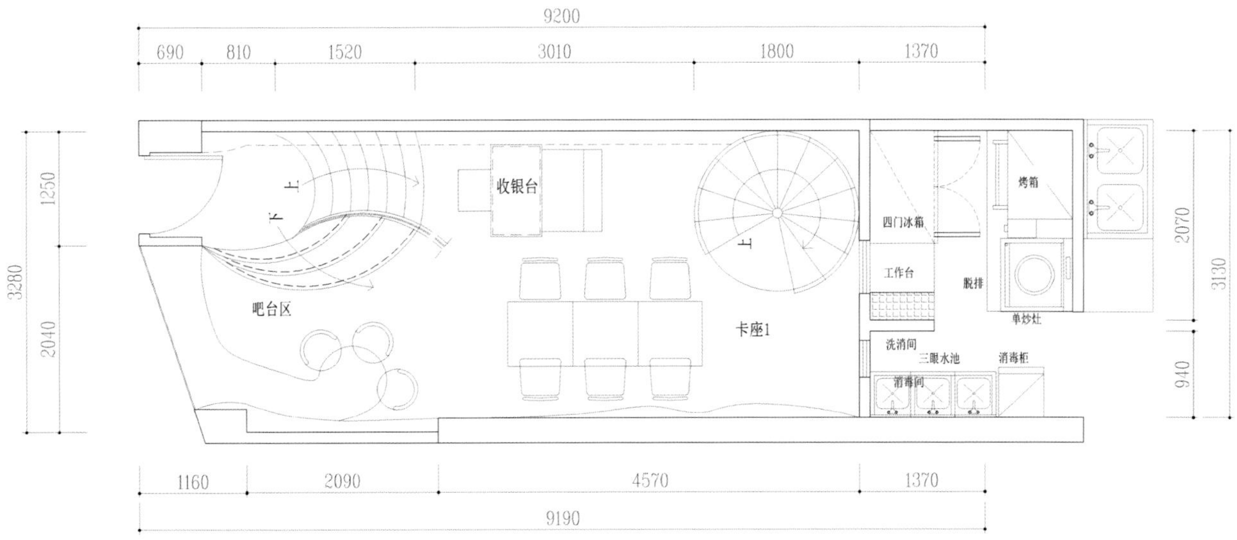

一层平面图

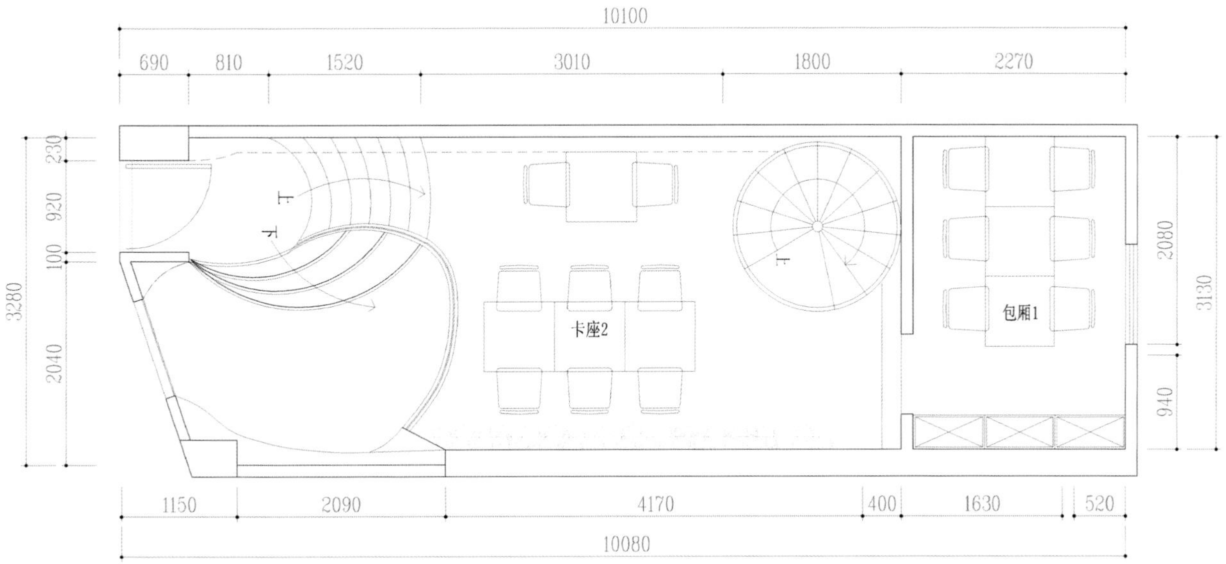

二层平面图

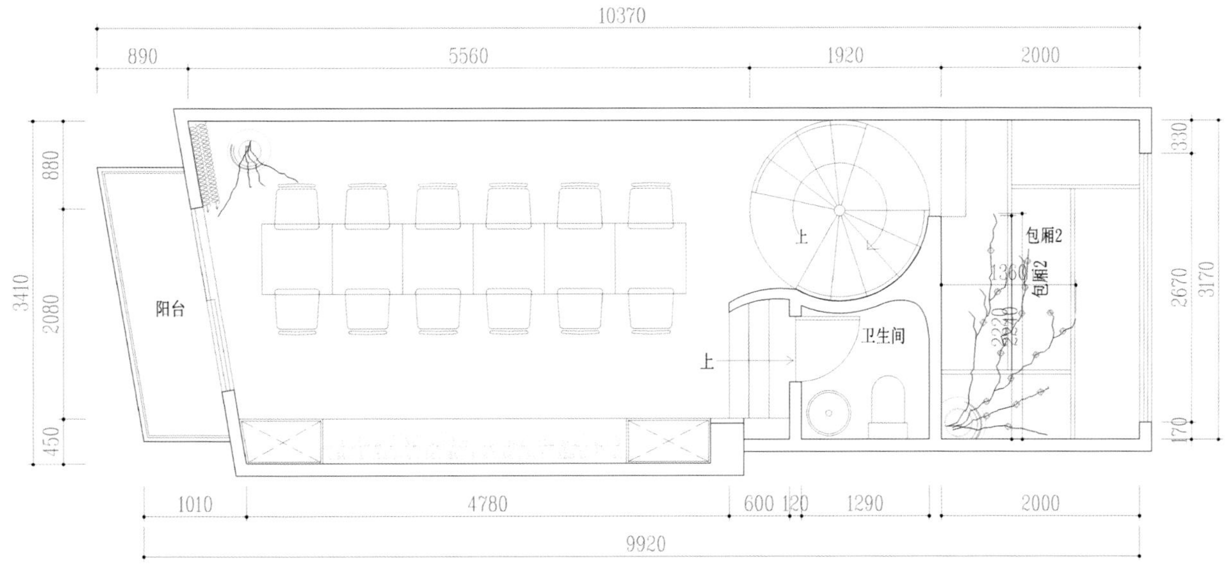

三层平面图

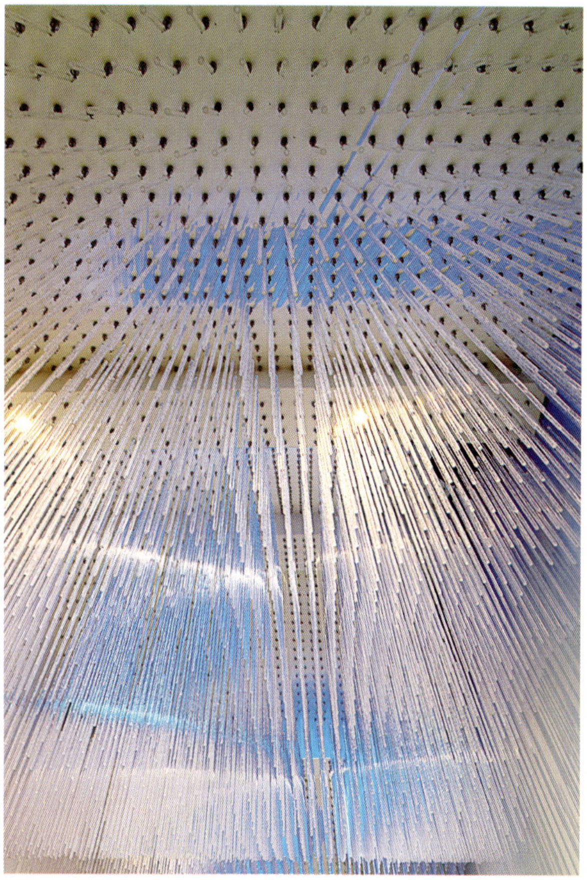

Pirate Fresh Food Restaurant

海盗鲜生

设计

梁筑设计事务所
徐梁

地点	面积
浙江杭州	450m^2

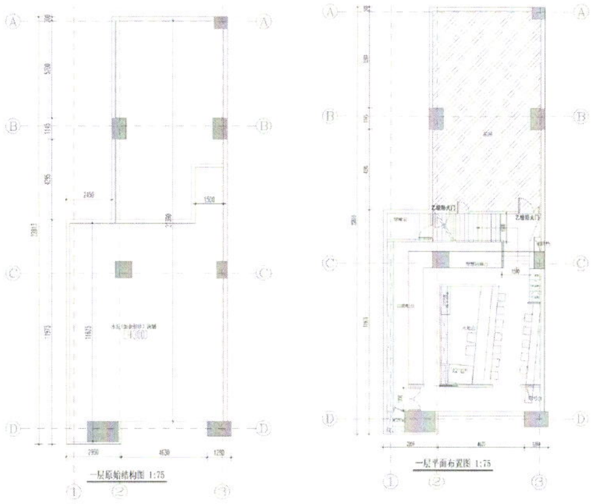

一层平面图

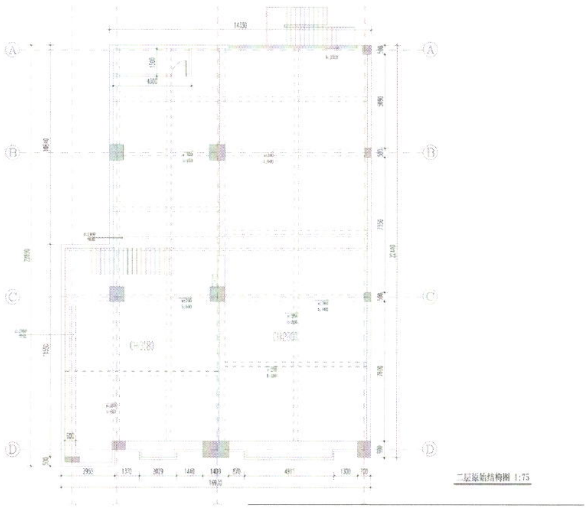

二层原始结构图

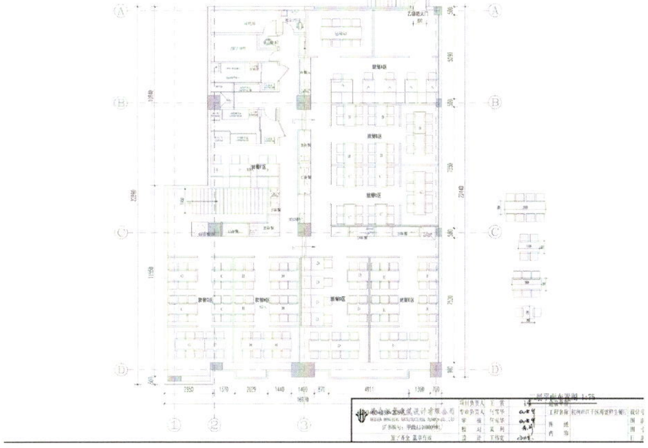

二层平面图

D5
D3
D2
D1

PLAY
PIRATE

D2

E1

WORK
CAPTAIN
PLAY
PIRATE
H2
nk the Origin Food to
PLAY
PIRATE

D5
D3
D2
D1

PIRATES
LIFE
FOR ME
SAVVY

Yuekao Restaurant

悦鲹烤鱼吧

设计

Kokaistudios

设计责任人：Andrea Destefanis

Filippo Gabbiani

设计经理 ：Kasia Gorecka

地点	面积	摄影
香港	$350m^2$	Ella Lai

近几年来，“跨界”一词火遍三百六十行。在不同元素互相碰撞的今天，完美融合多种风格的设计依然让人觉得新奇与惊艳。如果巧妙运用跨界的理念，给单一用餐环境多添一抹创意，也能提高用餐品质与舒适度。“在酒吧吃烤鱼”是种什么样的体验？悦鲹能给你答案。

本案考虑到悦鲹烤鱼吧的氛围定位，在设计时为空间注入了酒吧风情，整体基调轻松欢快，设计因此选择了趣味性比较强、色彩丰富、时尚前卫的装饰元素，打造了当下最流行的特色风格餐厅，让人有一种“在酒吧吃烤鱼”的视错觉与享受。

“悦鲹”集萃古法烤鱼精华，引入仿古鼎式现代炭火烤鱼炉，可谓集古今之大成。本案在古今风格碰撞中找到了现代时尚与传统工业风的巧妙融合点。设计首先以原始砖面、实木桌椅营造出一种厚实感，同时用钢架作为布局隔断的屏风样式，解构原砖和木艺的年代感，清晰地描画出整间餐厅棱角分明、视野开阔的全景模式。

试想一下，和朋友或家人围坐在一起吃烤鱼，那个场景的气氛是多么愉悦热烈，因此设计师选择了自行车、罗盘等元素来表达最充沛的活力与最衷心的怀旧，同时与悦鲹“鼎式”烤鱼的容器产生复古的共鸣，完美诠释悦鲹品牌的形象。

无论是墙上富有张力的鱼形象艺术画，还是时尚大胆、五彩斑斓的 LED 照明灯具，或是原木地板上挥洒的星星点点的创意，都与原砖的粗糙、木艺的清新与钢架的粗犷融为一体，给人以别致的视觉感受，糅合出轻松惬意的用餐氛围，提升用餐人的好感度与舒适度。

在隔断用餐空间的处理上，设计师主要运用了三角形和正方形的轮廓样式，这样的空间隔断井然有序，颇有三维空间中借景和色彩互补的时尚风格，有重点、不凌乱，在空间比例、餐厅故事和用餐情绪三者间做出了最舒适的平衡。

天花板同样采用黑色金属材质打造，交错纵横的线条富有空间感和工业气息，同时也出于更为稳固耐用的考虑。五颜六色的灯光照射下来，更增添了几分用餐的温馨氛围，对坚硬的钢架天花板起到了视觉软化的作用。

为了让整个餐厅的层次更清晰透彻，本案在设计细节上着力较多、突出亮点，而整体的设计形式则显得低调谦逊，以大方取胜。

有一个不得不提的细节，那就是原木地板上色彩斑斓的点状小涂鸦，它为原木的质感增添了活泼的色彩。沐浴在柔和的灯光下，给人一种置身五彩海滩的浪漫感觉。

简单大方的鱼形象艺术画和涂鸦为用餐空间注入艺术气息，给人们自由和热烈的感觉，使得用餐环境轻松。人们看着这些形态各异的鱼形象画，就如同徜徉在鱼的艺术海洋，用餐气氛非常惬意轻快。

YUE KAO

YUE KAO

YUE
KAO

YUE
KAO
YUE
KAO

YUE
KAO
YUE
KAO